微纳加工基础技术与方法

李 岩 颜文煅 编著

北 京

冶 金 工 业 出 版 社

2021

内 容 提 要

本书系统介绍了各种精密加工方法，将超精密微加工法和表面加工方法的基础原理和技术做了融合。全书共分为十一章，主要介绍了激光束加工方法、电子束加工方法、离子束加工方法、其他粒子束加工方法、化学刻蚀法、放电加工等基本方法；并介绍了精密加工所涉及的主要表面处理技术，包括表面处理沉淀法、离子束表面处理法、溅射法、化学气相沉积法和精密镀等。本书对传统的加工方法进行了精选，去掉了繁冗的细节，保留了必要的理论基础，并增加了微纳加工技术新工艺及其发展趋势。

本书可作为机械制造及其自动化专业的研究生和本科生教材，同时也可供从事机械制造精密加工的工作者和科研人员阅读。

图书在版编目（CIP）数据

微纳加工基础技术与方法/李岩，颜文煅编著. —北京：冶金工业出版社，2021.9

ISBN 978-7-5024-8882-6

Ⅰ.①微… Ⅱ.①李… ②颜… Ⅲ.①特种加工—技术 Ⅳ.①TG66

中国版本图书馆 CIP 数据核字（2021）第 162705 号

微纳加工基础技术与方法

出版发行 冶金工业出版社		**电　话**	（010）64027926
地　址 北京市东城区嵩祝院北巷 39 号		**邮　编**	100009
网　址 www.mip1953.com		**电子信箱**	service@mip1953.com

责任编辑　卢　敏　美术编辑　彭子赫　版式设计　郑小利
责任校对　郑　娟　责任印制　李玉山
北京建宏印刷有限公司印刷
2021 年 9 月第 1 版，2021 年 9 月第 1 次印刷
710mm×1000mm　1/16；12.25 印张；240 千字；184 页
定价 **68.00** 元

投稿电话　（010）64027932　投稿信箱　tougao@cnmip.com.cn
营销中心电话　（010）64044283
冶金工业出版社天猫旗舰店　**yjgycbs.tmall.com**
（本书如有印装质量问题，本社营销中心负责退换）

前　　言

先进制造技术是一个国家发展经济的重要手段之一，许多国家都十分重视先进制造技术的发展，利用它进行产品革新、扩大生产和提高国际经济竞争能力。精密和超精密加工技术为先进制造技术的重要领域之一，追求加工上的精度和表面质量极限，且制造自动化有赖于精密加工才能准确可靠地实现。随着航空航天、高精密仪器仪表、惯导平台、光学和激光等技术的迅速发展和多领域的广泛应用，各种高精度复杂零件、光学零件、高精度平面、曲面和复杂形状的加工需求日益迫切。

国外精密和超精密加工技术研究较早，为其所在国家国防和航空航天等领域的发展奠定了坚实的基础。近年来，我国的精密和超精密加工技术获得了很大的发展，超精密切削技术已经有较多的应用，超精密机床已研制成功，多种精度很高的精密机械和仪器已能生产，微加工技术也已发展到相当水平，但都没有形成批量制造能力，与国外的制造能力和水平相比仍有较大差距。高校的机械制造专业面临改革，要求更新教学内容，增设新课程，以跟上机械制造技术的发展。很多高校为研究生设立了超精密加工技术的课程，同时也为本科生新设了超精密加工的选修课，故需要有适合的教材出版，为此笔者编写了本书。

全书系统讲述了微纳加工方法，主要讲述的精密微加工方法包括激光束加工方法、电子束加工方法、离子束加工方法、其他粒子束加工方法、化学刻蚀法、放电加工等基本方法；并介绍了精密加工所涉及的主要表面处理技术，包括表面处理沉淀法、离子束表面处理法、溅射法、化学气相沉积法和精密镀等。

本书由闽南理工学院李岩博士、颜文煅博士主编。闽南理工学院智能制造与控制技术研究所所长郭隐彪教授对本著作提供了专业性指导和建议。本书编写得到了闽南理工学院张颜艳老师等相关专业人员的支持，并参考了一些文献资料，在此表示感谢。

由于编者水平有限，书中不妥之处恳请广大读者批评指正。

作 者
2021 年 6 月

目　　录

1 绪 论

先进制造技术主要包括高精度加工技术和制造自动化两大领域。高精度加工技术包括了精密加工、超精密加工及纳米加工，其追求加工上的精度和表面质量的极限，可统称为精密工程；制造自动化包括了设计、制造和管理的自动化，它不仅是快速响应市场需求、提高生产率、改善劳动条件的重要手段，而且是提高产品质量的有效方式。两者有密切联系，许多精密和超精密加工要靠自动化技术才能达到预期目标，而不少制造自动化则有赖于精密加工才能达到设计要求。精密工程和制造自动化具有全局性的、决策性的作用，是先进制造技术的支柱。

制造技术不断追求的目标是质量和效率，其中质量就是精度和性能，也就是超精密加工技术水平的评价指标。超精密加工技术是衡量一个国家先进制造技术水平的重要指标之一，是先进制造技术的基础和关键。

1.1 微加工技术的发展进程

微加工是指加工对象尺寸较小时的加工，它并不是指特定的加工方法。因此，微加工的发展历史可通过借鉴其制作的产品来展现。新技术方法不断出现，也推动了微加工的发展。所以，结合加工的产品和特点分析出微加工的历史，大致经历6个阶段：（1）工具时代；（2）艺术品时代；（3）精密制造时代；（4）半导体元件时代；（5）微机电系统（MEMS）时代；（6）微纳加工时代。

对于不同的历史时期各自对应的产品不同，产品本身并没有随着发展逐渐消失、淘汰，而是代代相连。所以说，这些不同时代名称也代表产品刚刚出现并占据最尖端、前沿地位的时期。

（1）工具时代（公元前5000年）。

在远古时代，狩猎人们就开始制作锋利的箭头作为工具进行狩猎，也开始学会使用工具。这样的尖端部分的加工从广义来讲也属于微加工范畴。工具尖端的形状、曲率半径都对其性能有很大影响。这个时代的微加工几乎都是通过研磨进行的，加工的重点是以凸部加工为主。一般来讲，微加工形成凸部比形成凹部要容易。另外，具有锐利尖端、以刀具类为中心的微加工在逐步提高产品质量的同时，也使产品种类更加丰富。另外，还可以将这些产品作为工具对凹部进行微加工。

（2）艺术品时代（公元前 1000 年）。

用尖锐的针和笔做精细的绘画，用精细的刀具做精细的雕刻和工艺品是艺术品时代的微加工。这个时候，人们已经能把尺寸 0.1mm 左右的东西稳定地加工，但是个别产品的加工结果是不同的，其兼容性和组合的可能性比较低。

（3）精密制造时代（1800 年）。

产业革命以后，陆续制造出机床，机器的制造精度不断提高，可以进行现代意义上的微加工，逐渐可以制作尺寸较小的螺丝等机械部件。代表作品就是时钟，从柱状时钟向座钟的小型化发展，随后实现怀表和手表的生产。加工部位的尺寸只有几十微米的数量级，与艺术品时代没有太大的区别，但在大量生产具有兼容性的部件方面有很大飞跃。由此，也可以说这一时期微加工向精密加工迈出了新的步伐。

（4）半导体元件时代（1960 年）。

真空管发明后由于真空管内的零件是微加工的加工对象，迅速向小型化发展，同时晶体管出现以后，由于固体中电荷移动速度快，因此为了提高频率特性，缩小尺寸是必要的，这些都要求微加工技术飞跃性地发展，来代替以往的机械加工法。机械加工法由于使用工具进行加工，受工具制作、工具驱动等方面制约较大，因此无法一次性满足数个微米的加工。而光刻技术和刻蚀技术的结合，不需要工具，这样从几微米到几十微米的微加工技术迈出了一大步。从工具时代到精密机械时代，与半导体元件时代以后的最大区别在于摆脱了机械加工法的制约，跨越了 $10\mu m$ 的壁垒。

（5）微机电系统时代（1990 年）。

运动部件采用机械加工法，半导体元件采用光刻法。

20 世纪 90 年代以来，以微机械开关制作为开端，利用光刻技术能够制造出更为精细的部件。另一方面，使用工具的加工方法技术水平也提高到 $10\mu m$ 的水平，可以进行与半导体元件尺寸范围的三维形状加工。以此为背景，能够实现电路和机械部件有机结合的微型生产系统产生了。这种有机结合的产品称为 MEMS（微机电产品）。

（6）微纳加工时代（2010 年）。

由于集成电路加工尺寸的不断缩小及器件集成度的提高，所需相应的微纳加工技术除了主流的光刻技术之外，还有电子束直写、紫外光刻和投影电子技术等。

从简单的手工工具开始，到微加工复杂加工、高级的 MEMS 生产、纳米芯片制备，微加工在社会生产和活动中占有越来越重要的地位，并向着越来越精尖端的方向持续发展下去。

1.2 发 展 现 状

精密加工技术首先在美国提出，并由于得到政府和军方的财政支持而迅速发展。美国实施了"微米和纳米级技术"国家关键技术计划，国防部成立了特别委员会，统一协调研究工作，同时利用超精密加工设备进行了陶瓷、硬质合金、玻璃和塑料等材料不同形状和种类零件的超精密加工，应用于航空、航天、半导体、能源、医疗器械等行业；日本重点开发民用产品所需的超精密加工设备，并成批生产了多品种商品化的超精密加工机床，促进了相机、电视、复印机、投影仪等民用光学行业的快速发展；欧洲实施了一系列的联合研究与发展计划，推动了精密超精密加工技术的发展。

国内真正系统地提出超精密加工技术的概念是在 20 世纪 90 年代初，由于航空、航天等军工行业的发展对零部件的加工精度和表面质量都提出了更高的要求，这些军工行业投入大量资金支持超精密加工技术基础研究。国内超精密加工技术的研究是从超精密加工设备的研究开始。由于组成超精密加工设备的基础是超精密元部件，包括空气静压主轴及导轨、液体静压主轴及导轨等，所以各单位也正是以超精密基础元部件及超精密切削加工用的天然金刚石刀具等为突破口。

随着时代的进步，超精密加工技术的加工精度也不断提高，目前已经进入纳米制造阶段。美国、日本和欧洲一些国家及我国都在对纳米制造技术进行研究，包括聚焦电子束曝光、原子力显微镜纳米加工技术等。这些加工工艺可以实现分子或原子级的移动，从而可以在硅、砷化镓等电子材料及石英、陶瓷、金属、非金属材料上加工出纳米级的线条和图形，最终形成所需的纳米级结构，为微电子和微机电系统的发展提供技术支持。

相比于其他先进制造技术，超精密加工技术具有加工效率高、精度高等突出的优点，广泛应用于现代制造业。随着科技飞速地发展，超精密加工技术正朝着高效、极致的方向发展。未来，超精密加工技术基础研究将进一步发展，将推动纳米级加工走向分子级加工。超精密加工技术现已成为衡量国家先进制造水平与能力的重要标志之一。

1.3 技 术 内 涵

1.3.1 加工范畴

当前，精密加工是指加工精度为 $3 \sim 0.3 \mu m$、表面粗糙度为 $0.3 \sim 0.03 \mu m$ 的加工技术；超精密加工是指加工精度为 $0.3 \sim 0.03 \mu m$、表面粗糙度为 $0.03 \sim$

0.005μm 的加工技术，因此，超精密加工又称为亚微米级加工。但是，目前超精密加工已进入纳米级精度阶段，故出现了纳米加工。其精度为 0.03μm（30nm），粗糙度为 0.005μm 以上为纳米加工。

从精密加工和超精密加工包括微细加工、超微细加工、光整加工、精整加工等。

微细加工技术是指制造微小尺寸零件的加工技术；超微细加工技术是指制造超微小尺寸零件的加工技术，它们是针对集成电路的制造要求而提出的。由于尺寸微小，其精度是以切除尺寸的绝对值来表示的，而不是以所加工尺寸与尺寸误差的比值来表示。

光整加工一般是指降低表面粗糙度和提高表面层力学机械性质的加工方法，不着重于提高加工精度，其典型加工方法有珩磨、研磨、超精加工及滚压加工等。精整加工是近年来提出的一个新的名词，它与光整加工是对应的，是指既要降低表面粗糙度和提高表面层力学机械性质，又要提高加工精度（包括尺寸、形状位置精度）的加工方法。

1.3.2　加工方法

根据加工方法的机理和特点，精密加工和超精密加工方法可以分为去除加工、结合加工和变形加工三大类。

（1）去除加工，又称为分离加工，是从工件上去除一部分材料的传统机械加工方法，如车削、铣削、磨削、研磨和抛光等，以及特种加工中的电火花加工、电解加工等均属这种加工方法。

（2）结合加工。利用物理和化学方法，将不同材料结合在一起，按结合的机理、方法、强弱等，分为附着、注入和连接三种。

1）附着加工又称为沉积加工，是在工件表面上覆盖一层物质，是一种弱结合，典型的加工方法是镀；

2）注入加工又称为渗入加工，是在工件表面上注入某些元素，使之与基体材料产生物理化学反应，是具有共价键、离子键、金属键的强结合，用以改变工件表层材料的力学机械性质，如渗碳、渗氮等；

3）连接是将两种相同或不同材料通过物化方法连接在一起，如焊接、黏接等。

（3）变形加工，又称为流动加工，利用力、热、分子运动等手段，使工件产生变形，改变其尺寸、形状和性能。

1.4　微纳加工技术

超精密加工中的微纳制造技术是加工尺度为毫米、微米和纳米量级的零件，以及由这些零件构成的部件或系统的设计、加工、组装、集成与应用技术。传统"宏"机械制造技术已不能满足这些"微"机械和"微"系统的高精度制造和装配加工要求，必须研究和应用微纳制造的技术与方法。微纳制造技术是微传感器、微执行器、微结构和功能微纳系统制造的基本手段和重要基础。

1.4.1 微纳加工技术现状

微纳加工技术，特别是中大口径光学元件的加工，由于其材料的特性和光学本身对精度要求的严格性，导致其几个世纪以来发展缓慢，且严重依赖操作者的经验和技巧。传统光学加工技术是在17世纪牛顿开发的平面镜、球面镜加工技术基础上发展而来的，基本原理是磨具与镜面在全口径范围接触下的相对研磨和抛光，加工效率低、加工周期长、质量不稳定，且难以加工相对孔径大于1：2的镜面。这种加工工艺不苛求加工设备本身的精度（此时机床只是起到运动传递的作用），而更多地依赖于人工经验，被称为非确定性超精密加工工艺。

航天、航空工业中，人造卫星、航天飞机、民用客机等领域，在制造中都有大量的精密和超精密加工的需求。微型卫星、微型飞机、超大规模集成电路的发展十分迅猛，这也涉及微细加工技术、纳米加工技术微型机械制造技术。

1.4.2 微纳加工技术简介

微纳加工技术实际上是一系列制备微纳器件的技术集合。制备一个微纳器件，需要经过多道制程，并且可能重复使用多项工艺。这些工艺主要包括沉积镀膜、微纳结构图案化薄膜、刻蚀部分薄膜等。为了得到期望的器件结构和性能，需要研究每一个独立步骤的薄膜度量学参数，比如薄膜厚度、折射率、消光系数等。制备一个存储芯片，需要经过30道图案化工艺，10道氧化工艺，20道刻蚀工艺，10道掺杂工艺，以及其他相关流程。微纳加工工艺的复杂化可以用掩模板数量来描述，对于一个微纳器件产品，需要经过大大小小多个图案层来图案化。对于光刻来说，一个图案就是一个掩模板；对于电子束刻蚀来说，一个图案就是文件中的一个图案层。在半导体工艺中，标准的制备过程是利用电子束刻蚀在一系列掩模板上得到设计的图案，然后利用光学刻蚀的办法并结合材料图案化转移的技术，批量化生产重现掩模板上的图案。

典型的图案化过程主要由三个完美的步骤组成：（1）在基底上涂上一层刺激敏感性的光刻胶；（2）通过光、电子束、离子束对光刻胶进行曝光；（3）选用合适的显影液显影。

工业生产中，对工艺的要求是快速、可靠、低成本。基于此，许多非传统技术相应的开发出来，例如近场光学刻蚀、接近式探针等技术，这些技术不仅成本低廉且实用。

2 激光束加工方法

2.1 激光束加工常用光源

激光束在加工中用到的光源种类有如下几种：

(1) 照明光源。照明光源是以照明为目的，辐射主要为人眼视觉的可见光谱（波长 380~780nm）的电光源。其规格品种繁多，功率从 0.1W 到 20kW，产量占电光源总产量的 95% 以上。照明光源品种很多，按发光形式分为热辐射光源、气体放电光源和电致发光光源三类。

1) 热辐射光源。电流流经导电物体，使之在高温下辐射光能的光源，包括白炽灯和卤钨灯两种。

2) 气体放电光源。电流流经气体或金属蒸气，使之产生气体放电而发光的光源。气体放电有弧光放电和辉光放电两种，放电电压有低气压、高气压和超高气压三种。弧光放电光源包括荧光灯、低压钠灯等低气压气体放电灯，高压汞灯、高压钠灯、金属卤化物灯等高强度气体放电灯，超高压汞灯等超高压气体放电灯，以及碳弧灯、氙灯、某些光谱光源等放电气压跨度较大的气体放电灯。辉光放电光源包括利用负辉区辉光放电的辉光指示光源和利用正柱区辉光放电的霓虹灯，二者均为低气压放电灯；此外还包括某些光谱光源。

3) 电致发光光源。在电场作用下，使固体物质发光的光源。它将电能直接转变为光能，包括场致发光光源和发光二极管两种。

(2) 辐射光源。辐射光源是不以照明为目的，能辐射大量紫外光谱（1~380nm）和红外光谱（780~2526nm）的电光源，包括紫外光源、红外光源和非照明用的可见光源。以上光源均为非相干光源。此外还有一类相干光源，它通过激发态粒子在受激辐射作用下发光，输出光波波长从短波紫外直到远红外，这种光源称为激光光源。

(3) 稳定光源。稳定光源，即其输出光功率、波长及光谱宽度等特性（主要是光功率）应当是稳定不变的，当然，绝对稳定不变是不可能的，只是在给定的条件下（例如一定的环境、一定的时间范围内）其特性是相对稳定的。若要达到一定的指标要求，稳定光源应有一定的措施以保证其特性的稳定。一般采取 APC（自动功率控制）电路和 ATC（自动温度控制）电路等措施。

（4）背光源。光源模组中最核心技术为导光板的光学技术，主要有印刷形和射出成型形两种导光板形式，其他如射出成型加印刷、激光打点、腐蚀等占很少比例，不适合批量生产。印刷形因为其成本低在过去较长时间内成为主流技术，但合格品不高一直是其主要缺点，而 LCD（液晶显示器）产品要求更精密的导光板结构，射出成型形导光板必然成为背光源发展主流，但相应的模具技术难题只有少数大厂能够克服。背光源按光源类型主要有 EL（电致发光）、CCFL（冷阴极荧光灯）及 LED（发光二极管）三种背光源类型，依光源分布位置不同则分为侧光式和直下式（底背光式）。

在光加热工艺中的发光机构是激光振荡传统光源（如温度辐射，发光器件）等，除了发光现象外，温度辐射是原子或分子受热激发而产生的辐射。随着温度上升，辐射能量增加，短波长的辐射能量也相对增加。白炽电灯泡是利用灯丝的温度辐射的典型例子。

（5）激光光源。当激发物质时，在特定波长或波长范围内，除上述温度辐射以外，还有强辐射的物质，这是相对于温度辐射而言的发光。荧光灯、水银灯、氙灯等都是利用这些光源，这些光源发出的光是由构成它的多个原子、分子发出的光合成的。这时光从原子放射出，因为原子从能量高的激励状态向能量低的状态跳跃时，上下能态的能量差就放出光子。这种光是在原子激励状态下产生的，其寿命只有 10^{-8} s 左右。从原子发出的光相位是无关的，被称为自然发射的光，光的光谱线宽因光的辐射持续时间短所以宽。在常温下热平衡状态，处于上下能级的粒子数分布服从玻尔兹曼统计分布：

$$N_i \propto g_i e^{-\frac{E_i}{kT}} \tag{2-1}$$

式中，g_i 为 E_i 能级的简并度，k 为玻尔兹曼常数（1.38×10^{-23} J/K）；T 为热平衡时的热力学温度；N_i 为处在 E_i 能级的原子数。若取 i 为 1 和 2，那么 N_2 与 N_1 分别代表 E_2、E_1 能级的粒子数，k 为波耳兹曼常数。考虑到上面的能量 E_2 上的粒子个数 N_2 和能量低的能级 E_1 的粒子个数 N_1，这两个能级之差 E_2-E_1，假设原子处于初始激励状态 E_2。因此，当进入能级 E_2 能量正好为光子能量时，原子受到激励而向能量 E_1 的状态迁移。此时，光子具有能量 $E_2-E_1=h\nu$。由此受激辐射而发出的光，不仅频率相同，相位、偏振、发射方向也相同，方向性好，相干性好及亮度高的光称为激光。

三能级激光器产生的反转分布前的热平衡状态如图 2-1 所示。当这种物质从高能级进入的低能级时，能量差为相应频率乘以普朗克常数。因此，由于受到入射光的激励，从上到下发生受激辐射放出光子。因此，即使是发光强度高的高温物体，在上能级原子数比下能级原子数少的玻尔兹曼分布中，整体吸收不会发生比受激辐射更强的光放大。如果以某种方式制造 $N_2>N_1$ 那样的上级原子数量更多的状态，则受激后释放比吸收更多，光被放大。这种分布称为反转分布，这种

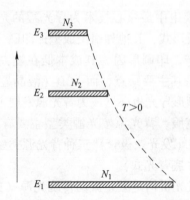

图 2-1 三能级激光器产生的反转分布前的热平衡状态

状态称为负温度状态。这是由于在玻尔曼分布公式的温度 T 中放入负值时，能量越高的能级粒子数量大，分布越多。那么，在多数物质的分子和原子的能量能级中，如何选择才能形成粒子数反转分布呢？使用光激励时，激励光也处于发射光的相同频率，因此通过激励使上升到高能级的原子因光的发射而马上再次下降到低能级，可以实现，因此，二阶能级中要实现稳定的反转，这个问题通过粒子在多能级间的转移，特别是利用 3 能级来实现。图 2-2 给出示列。发射的激光利用 E_2-E_1，但激励提高到比 E_2 还要高的能级 E_3。这样的话，激励的能量分布基本就可以了。E_3 可以是单一的能级或渐变能级。从被激励到 E_3 能级的状态，在短时间内通过无辐射跃迁进入 E_2 能级。在 E_2 能级的寿命是 t_2。与 E_3 的寿命相比，E_2 能级的寿命比较长。如果是这样的结构的物质，通过激励上升到 E_3 能级的粒子很快就会转移到 E_2 能级，E_2 能级状态密度变高，容易得到 E_1 和 E_2 之间的反转分布。这种寿命相对较长的 E_2，其能级被称为准分布能级（费米能级）。图 2-1 是热平衡状态下 $N_1>N_2$ 的分布。若进行能级粒子数比较，则可得到如图 2-2 所示

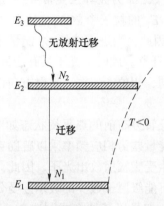

图 2-2 三能级激光器的反转分布状态

的 $N_2 > N_1$ 的反转分布。此外，获得高连续反转分布的还有 4 能级激光器。YAG 激光器是其中的一个例子。这样，高能级比基能级处于更高的能量上。从准能级到能级在短寿命下将发生无辐射迁移，可在初能级和终能级之间形成稳定的反转分布，是最常见的激光器。

2.2 加工用激光器的种类和光束聚光

2.2.1 振荡器

激光器采用适当的激励手段，能形成反转分布，使用的激光器输出功率控制需要控制出光的频率，目前由半导体、气体、液体、固体等材料制备的激光器已用于加工中，也有部分仍处于研究阶段。下面对在加工中使用的具有代表性的两种激光器进行说明。

2.2.2 YAG 激光器

YAG 是钇铝石榴石晶体（$Y_3Al_5O_{12}$）的缩写，是一种综合性能（光学、力学和热学）优良的激光基质。其中 Nd:YAG 激光器（掺钕钇铝石榴石激光器）是迄今使用最广泛的固体激光器。因为能够掺进去的钕浓度很高，可达 $1.3 \times 10^{20}/cm^3$ 以上，所以单位工作物质体积内能提供比较高的激光功率。Nd:YAG 激光器与钕玻璃激光器一样，都是以 Nd^{3+} 作为激活离子，只是钕玻璃中 Nd^{3+} 的能级宽度较大。Nd:YAG 激光器的发射波长为 $1.064\mu m$，激光线宽小于 1nm。YAG 激光器一般由激光棒、泵浦灯、聚光器和谐振腔组成。图 2-3 表示 Nd:YAG 激光的能级和激光跃迁。由闪光灯或半导体激光器等光源从基态激发后，在激光跃迁的起始能级进行无辐射跃迁。这里发射 1060nm 的激光激励，从低能级跃迁到高能级，从高能级转移到基能级。Nd:YAG 激光器是由 4 能级构成的激光器，是温度特性优良的激光器。这样，由于光激发是在相当于许多能级的激发波长下进行的，所以以此光源为激发源，可以得到光谱宽度较窄的激光振荡光，初始能级的寿命是 $250\mu s$ 左右，YAG 激光器是一种在开关振荡中能够进行连续振荡，波形可控性好的激光器。表面镀上金或银反射膜的椭圆形聚光器将泵浦灯光会聚在 YAG 棒上。通常用氪闪光灯作泵浦光源。若除了掺杂 Nd^{3+} 离子外，再掺入 Cr^{3+} 离子，则可使用氙灯泵浦，这时受激发的 Cr^{3+} 离子将能量转换给 Nd^{3+} 离子。也可用半导体激光泵浦 YAG 激光器。YAG 激光器的特点是阈值低，晶体使用寿命长，具有非常高的荧光量子效率，在 0.7~0.8nm 吸收光谱范围内荧光量子效率接近 1。YAG 材料导热性能远比钕玻璃好，因而可制成重复率较高的脉冲激光器，甚

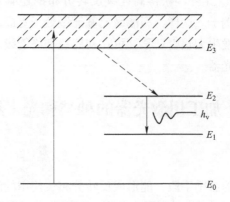

图 2-3   Nd：YAG 激光的能级和激光跃迁

至能够实现室温条件下的连续运转。此外，YAG 激光器的光束质量好，所以
Nd：YAG 激光器几乎是所有固体激光器中应用最广泛的一种，可用于材料加
工、全息技术、测距、目标照明和指示、外科手术等领域。与其他晶体激光器
一样，YAG 激光器的缺点是很难生长出大尺寸的晶体棒。除了掺杂 Nd 离子
外，还尝试掺入 Er、Ho、Tm、Cr 等离子或这些成分的组合，从而获得其他波
长的激光振荡。YAG 激光器是以钇铝石榴石晶体（YAG）为基质的一种固体
激光器。在 YAG 基质中掺入激活离子 Nd^{3+}（约 1%）就成为 Nd：YAG。Nd：
YAG 属于立方晶系，是各向同性晶体。由于 Nd：YAG 属 4 能级系统，量子效
率高，受激辐射面积大，所以它的阈值比红宝石和钕玻璃低得多。又由于 Nd：
YAG 晶体具有优良的热学性能，因此非常适合制成连续和重频器件。它是目
前在室温下能够连续工作的唯一固体工作物质，在中小功率脉冲器件中，目前
应用 Nd：YAG 的量远远超过其他工作物质。图 2-4 和图 2-5 所示为 YAG 激光器
结构。

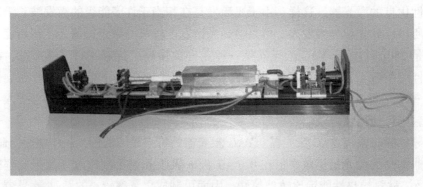

图 2-4   YAG 激光器的结构示意图

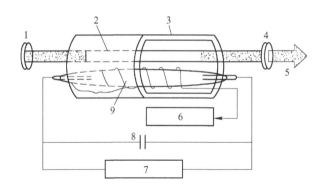

图 2-5 YAG 激光器结构图

1—全反射镜；2—工作物质；3—聚光镜；4—部分反射镜；5—激光；
6—触发电路；7—高压充电电源；8—储能电容；9—脉冲氙灯

2.2.3 CO_2 激光器

二氧化碳激光是一种分子激光，主要的物质是二氧化碳分子，它可以表现出多种能量状态，这要视其震动和旋转的形态而定。二氧化碳里的混合气体是由于电子释放而造成的低压气体（通常 $4000 \sim 6666Pa$）形成的等离子。如麦克斯韦-波尔兹曼分布定律所述，在等离子里，分子呈现多种能量状态。一些会呈现高能态，其表现为不对称摆动状态。当与空心墙碰撞或者自然散发，这种分子也会偶然地丢失能量。通过自然散发，这种高能状态会下降到对称摆动形态及放射出可能传播到任何方向的光子（一种波长 $10.6\mu m$ 的光束）。偶然情况下，这种光子中的一种会沿着光轴的腔向下传播，也将在共鸣腔里摆动。二氧化碳激光器是以 CO_2 气体作为工作物质的气体激光器。放电管通常是由玻璃或石英材料制成，里面充以 CO_2 气体和其他辅助气体（主要是氦气和氮气，一般还有少量的氢或氙气）；电极一般是镍制空心圆筒；谐振腔的一端是镀金的全反射镜，另一端是用锗或砷化镓磨制的部分反射镜。当在电极上加高电压（一般是直流或低频交流），放电管中产生辉光放电，锗镜一端就有激光输出，其波长为 $10.6\mu m$ 附近的中红外波段，一般较好的管子，$1m$ 长左右的放电区可得到连续输出功率 $40 \sim 60W$。CO_2 激光器是一种比较重要的气体激光器，这是因为它具有一些比较突出的优点，CO_2 激光器有比较大的功率和比较高的能量转换效率。一般的闭管 CO_2 激光器可有几十瓦的连续输出功率，这远远超过了其他的气体激光器，横向流动式的电激励 CO_2 激光器则可有几十万瓦的连续输出。此外横向大气压 CO_2 激光器，从脉冲输出的能量和功率上也都达到了较高水平，可与固体激光器媲美。CO_2 激光器的能量转换效率可达 $30\% \sim 40\%$，这也超过了一般的气体激光器。CO_2 激光器是利用 CO_2 分子的振动和转动能级间的跃迁，有比较丰富的谱线，在

10μm 附近有几十条谱线的激光输出。近年来发现的高气压 CO_2 激光器，甚至能做到从 9~10μm 间连续可调谐的输出。CO_2 激光器输出波段正好是大气窗口（即大气对这个波长的透过率较高）。除此之外，它也具有输出光束的光学质量高，相干性好，线宽窄，工作稳定等优点，因此在国民经济和国防上都有许多应用，如加工（焊接、切割、打孔等）、通讯、雷达、化学分析、激光诱发化学反应、外科手术等方面。

2.2.4　光学谐振腔、横模、聚旋光性

激活介质实现了粒子数反转后就能产生光放大。谐振腔的作用是选择频率一定、方向一致的光作最优先的放大，而把其他频率和方向的光加以抑制。凡不沿谐振腔轴线运动的光子均很快逸出腔外，与激活介质不再接触。沿轴线运动的光子将在腔内继续前进，并经两反射镜的反射不断往返运行产生振荡，运行时不断与受激粒子相遇而产生受激辐射，沿轴线运行的光子将不断增加，在腔内形成传播方向一致、频率和相位相同的强光束，这就是激光。为把激光引出腔外，可把一面反射镜做成部分透射的，透射部分成为可利用的激光，反射部分留在腔内继续增加光子。光学谐振腔的作用有：（1）提供反馈能量；（2）选择光波的方向和频率。谐振腔内可能存在的频率和方向称为本征模，按频率区分的称纵模，按方向区分的称横模。两反射镜的曲率半径和间距（腔长）决定了谐振腔对本征模的限制情况。不同类型的谐振腔有不同的模式结构和限模特性。光学谐振腔能起延长增益介质的作用（来提高光能密度），同时还能控制光束的传播方向。只有那些沿腔轴方向往返传播的光才能获得多次放大，对于那些偏离腔轴方向传播的光，经反射镜的数次反射就会侧向逸出增益介质。所以光学谐振腔的存在保证了输出的激光有极好的方向性。

当激光器振荡时，与振荡光束垂直在截面上，光的强度分布具有特定形状，这叫做模式。如果激光器的谐振腔两反射面及工作物质端面都是理想平面，就不会有除了基模以外的其他横模输出。这种情况下只有一个以工作物质直径为直径的基模输出。因为此时只有基模状态下的光才能形成多次反射谐振的条件。但是事实上反射面和端面都不可能是理想平面，尤其是在固体激光器中，工作物质受热发生热透镜效应，导致腔内经过工作物质与基模方向略有差异的某些光也可能符合多次反射的谐振条件，于是激光器会输出几个方向各不相同的光束。多横模损害了激光器输出的良好方向性，对聚焦非常不利，因此在需要完美聚焦的情况下，应当尽量减少横模。

激光谐振器以组合球面镜和平面镜的结构为基础。振荡的模式分布由激光放大介质的放大增益和光谐振器结构等决定。横向模式对于激光束的聚光非常重要，因此聚旋光性最好的高斯分布的单模式，是加工时有效的振荡模式。

采用稳定腔的激光器所发出的激光，将以高斯光束的形式在空间传播。因此对高斯光束的聚焦特性的研究具有重要意义。高斯光束在束腰位置处的光束尺寸最小，故需要将高斯光束的束腰调节到作用对象所在位置，并且对于运动的作用目标应能根据其距离变化自动调节聚焦位置。激光光束聚焦后，能量达到一定值，作用于物质上，才能进行微加工。

2.2.5 高斯形分布激光束的聚光传播特性

高斯光束的聚焦，指的是通过适当的光学系统减小高斯光束的束腰半径，从而达到对其进行聚焦的目的，如图 2-6 所示。高斯形光束沿轴方向传播，光束强度分布的光束半径定义为 ω_0，z 定义为强度从光束中心的最大值到降低到 $1/e^2$ 值时所对应的横向距离，公式 2-2 成立。

$$\omega(z) = \omega_0 \sqrt{1 + \left(\frac{\lambda z}{\pi \omega_0^2}\right)^2} \tag{2-2}$$

上式可改写为

$$\frac{\omega^2}{\omega_0^2} - \frac{z^2}{(\pi \omega_0^2 / \lambda)^2} = 1$$

式中　$\omega(z)$——z 处截面内基膜的有效截面半径，简称截面半径；

　　　　λ——波长；

　　　　z——从束腰到波面的距离；

　　　　ω_0——高斯光束的束腰半径。

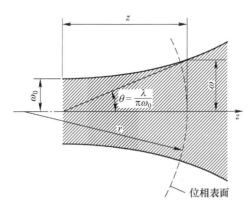

图 2-6　束腰的高斯形光束传播

2.2.6 热加工

热加工在一般情况下可分为金属铸造、热轧、锻造、焊接和金属热处理等工艺。有时也将热切割、热喷涂等工艺包括在内。热加工能使金属零件在成形的同时改善它的组织，或者使已成形的零件改变结晶状态以改善零件的力学性能。铸造、焊接是将金属熔化再凝固成型。激光的方向性很好，如果用透镜等聚光，在焦点上功率密度非常高。焦点处材料吸收激光，并在高温下蒸发，变成高温或熔融状态。激光器加工是将材料局部高温加热，是非接触加工过程。对于金属来说，加热过程根据密度和照射时间的不同而有所不同。照射密度大时，温度急剧上升到焦点，得到潜热熔融，再次向沸点上升。另外，如果照射时间持续，则会产生气化，放出热量，使表面蒸发，部分金属受热气化形成等离子体。这种现象应用在打孔等去除加工工艺中。如果照射功率密度比较低，那么吸收的能量和热传导及辐射中失去的能量就会平衡，在焊接中看到的熔融状态和表面淬火等高温状态下产生的热融状态就会达到饱和。像这样根据加工的种类，适当地选择功率密度和照射时间可以用来优化加工。

打孔加工等加工过程是使材料在短时间内到达沸点，在向周围散发热量之前，利用急剧的蒸发现象，进行孔加工。假设照射点周围的绝热条件成立，各种物理常数在温度下不变，从室温到完全蒸发所需的能量，这个能量 q 由下式给出。

$$q = \rho V(C_{p}\Delta T + \Delta H_{t} + \Delta H_{v}) \tag{2-3}$$

式中　　ρ ——密度；

　　　　V ——体积；

　　　　C_{p} ——定压比热；

　　　ΔH_{t} ——熔融热量；

　　　ΔH_{v} ——蒸发热量。

焊接之处要选择能够抑制急剧蒸发，使熔化部分达到比熔点稍高温度的功率密度照射条件，照射要持续达到必要的熔融状态为止。在此，如果 ρ、C_{p}、V 再次与室温的值相同，发生绝热熔融现象时，ΔT 的温度上升，为使体积为 V 的材料熔化而需要的能量 q 由式（2-4）给出。

$$q = \rho V(C_{p}\Delta T + \Delta H_{t}) \tag{2-4}$$

焊接是现代制造技术中重要的金属连接技术。焊接成型技术的本质在于：利用加热或者同时加热加压的方法，使分离的金属零件形成原子间的结合，从而形成新的金属结构。焊接的实质是使两个分离的物体通过加热或加压，或两者并用，在用或不用填充材料的条件下借助于原子间或分子间的联系与质点的扩散作用形成一个整体的过程，要使两个分离的物体形成永久性结合，首先必须使两个物体相互接近到 0.3~0.5nm 的距离，使之达到原子间的力能够互相作用的程度。

激光热加工是基于激光束照射物体所引起的快速热效应的各种加工过程，是将一定功率激光束聚焦于被加工物体之上，使激光与物质相互作用。

2.2.7 冷加工

紫外光指的是波长约分布在 150~400nm 之间的光源，目前被使用在工业应用上的紫外光激光主要有两种，第一种是气态的准分子激光（excimer laser），另一种是利用 Nd：YAG 电射的光源经过非线性倍频晶体转换技术（nonlinear crystal conversion）而将红外光波长转换成紫外光波长。准分子激光是利用两种在常态下不起反应的气体，但在激发态会结合成不稳定分子后迅速解离而放出紫外光，取其（excited dimer）的字面意思而成之为 excimer 激光。一般工业上常用的种类主要包括 XeCl（308nm），KrF（248nm），ArF（193nm）三种波长的准分子激光。准分子激光是一种脉冲式的激光，每个脉冲所能携带的能量是目前所有紫外光激光中最高的。从准分子激光是一种多模（Multi-mode）的激光，一般输出的电射光束截面积约在数十平方毫米，因此非常适合利用光罩做投影式的加工（Image projection system）方式。Nd：YAG 本身的波长为 1064nm，利用倍频技术可将频率做 2 倍、3 倍、4 倍甚至 5 倍的转换，由于波长和频率成反比，因此分别可得到 532nm、355nm、266nm 及 213nm 的激光波长，其中波长为 532nm 为绿光，其余的皆为紫外光，一般简称为 UVYAG。UVYAG 和准分子激光光的主要差别在于倍频技术是相当低效率的能量转换方式，因此每个脉冲的能量通常都在 1mJ 以下，所能携带的能量相当的低，但由于 UVYAG 每个脉冲的时间比准分子激光小一个量级（4~7ns），因此还是有足够高的尖峰脉冲功率来工作，再加上 UVYAG 的脉冲频率可达到 1kHz 以上，因此适合用在单点钻孔或直接刻写的工作模式上。当激光的波长变成紫外区域时，光子能量具有直接解离构成物质的化学键，可以通过低温状态下的物质剥离进行切断、打孔等去除加工。除利用光子激发的光分解外，还有红外多光子激发、利用紫外多光子激发的激光分解、热分解等。因此，如果激光具有更多的光子能量，并且分子在波长带中吸收光，就可以通过吸收单个光子来切断分子结合。如果使用 XeCl 光致发光激光器（波长 308nm），由于其光子能量为 385kJ/mol，所以可以切断分子的 C-C 结合。光解离现象下的加工与热加工不同，可以进行切断、打孔等除去加工，而不产生对周围的热影响层。高能量的紫外光子直接破坏许多非金属材料表面的分子键，使分子脱离物体，这种方式不会产生高的热量，故被称为冷加工。

2.3 YAG 激光加工

2.3.1 YAG 激光器

Nd：YAG 是立方晶体，具有光学质量好、阈值、热导率高等优点。这些优点使其能用于连续运转的中低功率器件，也可用于激光器。如用于激光切割、打孔、焊接等，固体激光切割机将波长为 1064nm 的脉冲激光束经过扩束、反射、聚焦后，辐射加热材料表面，表面热量通过热传导向内部扩散，由数字化精确控制激光脉冲的宽度、能量、峰值功率和重复频率等参数，瞬间使材料熔融汽化蒸发，从而通过数控系统实现预定轨迹的切割、焊接、打孔。普通灯泵 Nd：YAG 激光器主要由工作物质（Nd：YAG 晶体）、聚光腔、光学谐振腔、泵浦源（氙灯或氪灯）、电源系统和冷却系统等部分组成。

2.3.2　激光打孔的特点

打孔是功率激光器在加工领域的首次应用。在 1960 年初，为了显示激光器的功率，人们甚至用多少张剃须刀片能被激光脉冲穿透来直接评价表现激光功率的程度，而当时用激光在金属上钻孔是一件令人惊异的事情。最初钻孔加工的实际例子出现后受到广泛关注，特别是在钻石模具的钻孔过程中发现了惊人的加速效果。在电子表还没有普及的时代，人们对钟表的红宝石轴石生产产生了很大的兴趣，在当时的激光应用中作为一种新鲜的生产技术备受关注。

激光钻孔的特点如下：

（1）非接触式开孔法，工具没有破损、损耗等。

（2）可以光学精确定位钻孔位置。

（3）能够进行大纵横比（孔深度对直径）的加工。

（4）可以在表面加工直角以外的倾斜孔。

2.3.3　钻孔用激光束

激光脉冲输出具有优异的钻孔性能。CO_2 激光器等气体激光器可在低阶振荡模式下获得高功率，而固体激光器有利于金属类的开孔。固态激光器使用高阶振荡模式以获得相对稳定且可重构的孔形状，为了保持孔的圆度，在激光光路中设置圆形孔对改善圆度是有效的。一对激光共振荡器在振荡器间距离上形成等效于望远镜透镜组和后视镜间隔，形成光学距离上被放大的振荡模式。因此，可以实现振荡横模的低阶化，即使此时的振荡效率比没有长焦透镜组时略有降低，也可以获得聚光性能好、焦点深度大的聚光光束。另外，代替在谐振腔内部放入望远镜，而放入 1 个凹透镜，通过该凹透镜和激发时产生的 YAG 杆的凸透镜作用，可获得与望远镜相等的效果。由于采用不设置光栅的结构，所以可实现振荡效率高、方向性好的高亮度 YAG 激光振荡。图 2-7 示出了连续 Nd：YAG 激光器的输出特性。以往输入 11kW 时为 20mrad 的光束宽角降低到 2.5mrad 以下，亮度提高 10 倍以上。由此，实现了宽高比大的开孔。

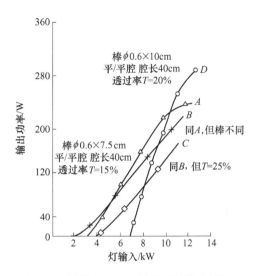

图 2-7 连续 Nd:YAG 激光器的输出特性

光束放大器通过将激光振荡器放出的光束的直径扩大到与聚光透镜的口径相同，从而减小光束扩散角，使光束入射到整个透镜口径中，从而使聚光点的点状尺寸变得微小。这样可以提高聚光功率密度。为了控制孔径，可以通过改变聚光透镜的焦距来改变聚光点的聚焦尺寸，因此如果激光器的聚光功率密度足够，就可以通过使用长焦距透镜来扩大孔径。短焦距镜头被用于减小聚光点尺寸，Nd:YAG 激光器主要由泵浦源、工作物质、聚光腔、光学谐振腔、电源系统和冷却系统等部分组成。对于调 Q 输出的 Nd：YAG 激光器，腔内还装有 Q 开关。

打孔方法有使用激光热加工的方法和利用激光进行的电偶加工使用准分子激光的烧蚀加工等发热小的加工方法。另外，可以考虑通过在液体中进行激光加工来减小热影响层产生。

2.3.4 钻孔现象

光能对金属加工物的介入深度为 $10^{-2}\,\mu m$，因此被吸收的光能大部分被表面吸收转换为热能。孔径的最小值是聚光透镜聚光光束时可达到的最小聚光光斑的程度。振荡多重模式在该值的 K 倍数（K 值是衍射极限光束、光束直径和该光束束宽角之积的多阶模的光束传播系数和恒定值）。照射点的能量因热传导而失去，所以表面上的温度分布作为一维热传导来处理。

激光打孔是最早达到实用化的激光加工技术，也是激光加工的主要应用之一。随着近代工业和科学的迅速发展，使用硬度大、熔点高的材料越来越多，而传统的加工方法已不能满足针对这些材料的一些工艺的要求。例如，在高熔点金属铂板上加工微米量级孔径；在硬质碳化钨上加工几十微米的小孔；在红、蓝宝石上加工几百微米的深孔以及金刚石拉丝模具、化学纤维的喷丝头等。这一类的加工任务用常规机械加工方法很困难，有时甚至是不可能的，而用激光打孔则不难实现。激光束在空间和时间上高度集中，利用透镜聚焦，可以将光斑直径缩小到微米级从而获得 $10^5 \sim 10^{15} \, \text{W/cm}^2$ 的激光功率密度。如此高的功率密度几乎可以在任何材料实行激光打孔，激光打孔与其他方法如机械钻孔、电火花加工等常规打孔手段相比，具有以下显著的优点：

（1）激光打孔速度快，效率高，经济效益好。由于激光打孔是利用功率密度为 $10^7 \sim 10^9 \, \text{W/cm}^2$ 的高能激光束对材料进行瞬时作用，作用时间只有 $10^{-3} \sim 10^{-5} \text{s}$，因此激光打孔速度非常快。

（2）激光打孔可获得大的深径比。在小孔加工中，深径比是衡量小孔加工难度的一个重要指标。对于用激光束打孔来说，激光束参数较其他打孔方法更便于优化，所以可获得比电火花打孔及机械钻孔大得多的深径比。一般情况下，机械钻孔和电火花打孔所获得的深径比值不超过 10。

（3）激光打孔可在硬、脆、软等各类材料上进行。高能量激光束打孔不受材料的硬度、刚性、强度和脆性等力学性能限制，它既适于金属材料，也适于一般难以加工的非金属材料，如红宝石、蓝宝石、陶瓷、人造金刚石和天然金刚石等。由于难加工材料大都具有高强度、高硬度、低热导率、加工易硬化、化学亲和力强等性质，因此在切削加工中阻力大、温度高、工具寿命短，表面粗糙度差、倾斜面上打孔等因素使打孔的难度更大。而用激光在这些难加工材料上打孔，以上问题将得到解决。我国钟表行业所用的宝石轴承几乎全部是激光打孔。人造金刚石和天然金刚石的激光打孔应用也非常普遍。用 YAG 激光在厚度为 5.5mm 的硬质合金上打孔，深径比高达 14∶1，而在 11.5mm 厚的 65Mn 上可打出深径比为 19∶1 的小孔。在 10mm 厚的坚硬的氮化硅陶瓷上可容易地打出直径为 0.6mm 的小孔，这都是常规打孔手段无法办到的。特别是在弹性材料上，由于弹性材料易变形，很难用一般方法打孔。

（4）激光打孔无工具损耗。激光打孔为无接触加工，避免了机械钻打微孔时易断钻头的问题。用机械钻加工直径为 0.8mm 以下的小孔，即使是在铝这样软的材料上，也常常出现折断钻头的问题，这不仅造成工具损耗而加大成本，而且会因钻头折断致使整个工件报废。如果是在群孔板的加工中出现钻头折断，将使问题更为严重。在这种情况下，去除折断钻头的最好方法也仍然是激光打孔。当然此时的激光打孔设备必须具备精密的瞄准装置，以便准确无误地打掉折断的钻头。

（5）激光打孔适合于数量多、高密度的群孔加工。由于激光打孔机可以和自动控制系统及微机配合，实现光、机、电一体化，使得激光打孔过程准确无误地重复成千上万次。结合激光打孔孔径小、深径比大的特点，通过程序控制可以连续、高效地制作出小孔径、数量大、密度高的群孔板，激光加工出的群孔板的密度比机械钻孔和电火花打孔的群孔板高 1~3 个数量级，例如，食品、制药行业使用的过滤片厚度为 1~3mm，材料为不锈钢，孔径为 0.3~0.8mm，密度为 10~100 孔/cm²。

（6）用激光可在难加工材料倾斜面上加工小孔。对于机械孔和电火花打孔这类接触式打孔来说，在倾斜面上特别是大角度倾斜面上打小孔是极为困难的。倾斜面上的小孔加工的主要问题是钻头入钻困难，钻头切削刃在倾斜平面上单刃切削，两边受力不均，产生打滑难以入钻，甚至产生钻头折断。如果为高强度、高硬度材料，打孔几乎是不可能的，而激光却特别适合于加工与工件表面成 6°~90°角的小孔，即使是在难加工材料上打斜孔也不例外。

所以由于激光打孔过程与工件不接触，因此加工出来的工件清洁，没污染。因为这种打孔是一种蒸发型的、非接触的加工过程，它消除了常规热丝穿孔和机械穿孔带来的残渣，因而十分卫生。而且激光加工时间短，对被加工的材料氧化、变形、热影响区域均较小，不需要特殊保护。激光不仅能对置于空气中的工件打孔，而且也能对置于真空中或其他条件下的工件进行打孔。由此可见，激光是一种高质量、快速打孔的有效工具。

2.3.5 聚光光学与加工条件

2.3.5.1 焦点位置的影响

由透镜等聚光光束的束腰部分位置可以影响孔的形状和大小。在碳钢 S35C 上用焦点 20mm 的透镜打孔时加工孔的截面形状。焦点位置与加工物的表面之间的距离设为离焦距离 Δf。当焦点到达加工表面的内部时（Δf 为负）孔形状成为圆锥状。焦点对准表面的话（$\Delta f = 0$），离开表面向上的话（Δf 为正），焦点位置接近表面。激光输出、光束值（光束质量关系）、透镜的焦距脉冲重复率、气体浓度、脉冲照射次数等参数的变化，孔形状也会发生变化。通常通过改变多个参数来控制孔形状。

2.3.5.2 焦距的影响

利用焦距小的聚光透镜聚光时，焦点上的聚焦尺寸小，但焦点深度变浅。也就是说，焦点上的功率密度很大，但如果远离焦点，功率密度就会突然降低。在需要浅孔或小径孔的情况下，钻孔性能良好，但物质会飞溅到镜头上。为了稳定地进行多个孔加工，需要透镜的保护措施。通过光束放大器降低光束扩大角，根据光束放大比例，通过使用长焦距镜头，可以减少飞溅物附着。此外，在聚光镜头前设置保护玻璃等保护体，如果被飞溅弄脏，可通过更换保护体来沿长镜头使用时间。

2.3.5.3 脉冲反复照射的影响

利用一束激光脉冲照射所产生的加工孔深度为孔入口直径的 3、4 倍。当激光脉冲能量增加时，深度增大，同时孔径也增加。与此相对，如果反复照射激光脉冲，孔径不变，宽度加厚的部分伸长，加工孔深度增大。通过这种反复照射法，孔深度增加，是因为激光在孔的内壁被反射并被引导到内部，从而进行内部加工。因此，在反射次数增加的深孔中，到达孔底部的能量会减少。故在某一深度以上的加工中，即使增加照射次数，深度方向的加工也会停止。因此，为了打深而细的孔，在孔的内部以减少反射次数的条件使光束到达孔的底部。对此，在扩散角较小的光束下，使用能量密度大的光束，即高亮度的光束是有利的。使用高亮度的 Nd:YAG 激光器进行照射，将脉冲反复在 SUS304 上钻 30mm 的孔，则孔的剖面形状，孔深度与照射脉冲数、激光功率都有关系，利用高亮度激光器进行加工，可获得更厚的钻孔加工量，其饱和深度也将增大。

2.3.5.4 吹气的影响

在脉冲重复照射下，在透镜的前端安装锥形的喷注气体喷嘴，向与激光同轴聚光的点喷射高压气体。吹气的效果如下：

（1）防止飞溅物附着在聚光透镜上。

（2）根据加工对象物的不同，喷涂活性气体防止加工部分的氧化。

（3）吹氧气时，使孔内壁面氧化，提高光吸收率。

（4）使孔冷却的同时进行加工，减少热效应损失。

吹气喷注效果在钻孔加工中是一种重要的辅助手段。孔内部高温时，金属孔内部侧壁增加光吸收率，不仅深度方向增加，而且孔径方向也增加。在短时间内利用高重复脉冲将大功率投入孔内部，向周围的热传导和吹送气体的冷却效果无法完全抑制温度上升，孔的周围会形成高温。如果在加工物中没有飞溅出来的情况下，继续用激光照射的话，会使整个孔周围熔融，产生爆炸性的飞溅现象。即使停止输入也会有飞溅产生，在加工不进行的情况下，不断继续输入是会产生危险的。

2.3.5.5 激光波长的影响

红外区域的激光垂直入射，向反射率高的金属打孔，结果如图 2-8 所示。YAG 激光器对反射材料加工困难，是由于激光器的反射率高，铜的反射率高达 5mm，铝的反射率高达 8mm。激光器的波长为 755nm，金属吸收率大。因此，对高反射率材料难以加工。用脉冲数控制孔径的方法可对加工进行较为精细的控制。例如，在厚度为 130μm 的 SUS（不锈钢）板上钻孔直径为 30μm 时，即使在最佳条件下钻孔，也会产生 ±6μm 的误差。为了将其抑制在 ±3μm，将连续振荡激光照射在孔上，调整照射加工用激光，直到透射光量与规定孔直径的透射光量一致为止。在这种情况下，将加工条件设定得较低，使得每次加工量只允许小于目标孔径的直径，利用随着脉冲数的增加孔径逐渐扩大的特性。

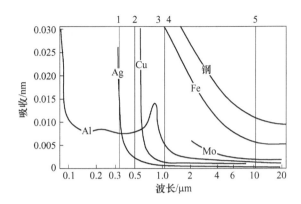

图 2-8 不同金属材料的吸收光谱图

1—固体激光器 355nm；2—固体激光器 532nm；3—固体激光器 1064nm；
4—光纤激光器 1070nm；5—CO_2 激光器 10.6μm

2.3.6 薄膜加工

2.3.6.1 用途

薄膜加工的应用主要有以下几点：薄膜和厚膜电阻的修补、成像管静电电极的形成、非晶硅电路图案和液晶透明电极、去除有机绝缘膜形成图案、带绝缘膜的导线去除处理、去除作为电容器构成材料的聚合物薄膜上形成铝等、带有背光显示开关的标记。

薄膜加工的适用范围包括金属、高分子膜、半导体等多个领域。激光器照射薄膜时，除去薄膜的加工激光器波长要有光吸收，吸收率小的情况下薄膜的温度上升，能在短时间内使薄膜的温度上升，这样热影响小使去除加工有可能发生。

2.3.6.2 薄膜的加工方法

在薄膜加工中，大部分情况下都是在底板上形成薄膜，因此，为了只对薄膜进行去除加工，底板对激光需具有透过性，而薄膜最好具有很好地吸收激光的光谱特性。另外，如果使用膜吸收率较大的短波长脉冲光，则可从表面进行剥离加工，根据脉冲数控制膜厚度方向的加工程度。因此，也可以进行不会对底板造成损伤的加工。在底板吸收率大的情况下，为了在不残留膜的情况下进行加工，需要高精度地控制照射位置。

2.3.6.3 圆形聚光点照射加工

在加工成细线状时，激光振荡模式使用高斯分布的单一模式，利用像差小的光学系统聚光，在焦点深度范围内放置加工面进行加工。激光光斑以比斑直径小的发送量进行扫描，根据加工线路上的去除量和加工线路的平滑度来决定脉冲的阶差。通常使用 50%~75% 左右的重叠比。以摄像管的静电备向电极的形成方法为实例，在组成的圆柱管形成 Ni-Cr 真空蒸镀膜，并在其上形成螺旋形凹槽，在 XY 方向上形成两对的电子光束扫描偏向电极。将透过玻璃波长为 1.06μm 的 Q 开关 YAG 激光从玻璃管外聚焦到蒸镀面进行聚光，通过蒸发将管壁内的蒸镀面膜进行切断分离。这样，1 个蒸镀膜电分离成 2 对宽极，电极在玻璃管内沿管轴方向形成。这种情况下，当切断宽度大于激光点直径时，可采用螺旋状扫描光束以扩大宽度的方法。

2.3.6.4 矩形截面光束照射的薄膜处理方法

由光纤引导的 Q 开关脉冲装入能使光束强度均匀分布的反射镜，在其出口处获得均匀强度分布的脉冲输出，将此照射在会聚透镜加工的薄膜上。为了提高功率密度，采用了缩小倍率的光学系统。即使使基板上的铝膜蒸发，基板即高分子薄膜也不会受到损伤。我们可以将铝薄膜电分割，将电容器电极和绝缘膜的层叠材料分开。薄膜对 YAG 激光具有透过性，铝即使在激光的作用下急剧蒸发，变形也很小，不会成为使用上的问题。采用激光瞄准镜，使光束形状和强度分布呈方形，另外，加热图案的端面热影响层小，使扫描方向的切断边缘呈好的线性形状。由于图案重叠部分的面积为方形剖面，因此对基板层的热影响较小，高分子薄膜的变形也小。

2.3.6.5 激光电阻微调

薄膜加工的范围也是生产现场使用用途最多的。厚膜电阻器是在氧化铝陶瓷等的基板上，氧化钌（RuO_2）等经过丝网印刷、干燥、烧制工序等形成的。这样的话，由于电阻值的偏差较大，为了使其符合规定的电阻值，可使用膜电阻的微调。通过模式选择器和一对谐振反射镜，可以获得单模式振荡的输出。超声波开关用于高速脉冲振荡的控制。振荡输出由负向电子束扫描仪偏向后，通过镜头聚光在电阻上。由于此时产生的热，电阻体熔化蒸发，进行电阻体的微调。切断电阻体膜的加工形状，以及尽量减少槽中热变质层产生的激光加热条件是电阻膜材质选定的关键。以上构成和电阻测量桥、电阻处理器等由计算机控制，作为激光微调系统，不仅用于厚膜电阻体，还有薄膜电阻体。随着向周边区域的扩散，强度下降，处于熔融、加热状态。中心部分激光器功率密度为 $10^9 W/cm^2$，汽化温度 3000℃。随着激光脉冲的结束，熔融部分的再凝固和加热部分的冷却开始，产生压力，这是加工后性能产生漂移的原因。激光微调的可靠性的评估指标是微调后电阻值漂移小。对厚膜电阻进行微调后，引起电阻漂移的原因有加工中的等离子体消失、电阻测量系统时间延长、产生裂纹、电阻体的化学和物理变化等。以及由于切断不充分，使加工部分充分残留在凝固层，或在槽中形成桥接等。漂移是在微调加工之后迅速产生的。同时在电路操作中，有时电流集中在修整图案的前端而发生漂移。这是因为在微调时，位于前端的微裂纹逐渐扩大。微裂纹是由于熔化的抵抗体再凝固时产生的压力和加热部冷却过程产生的压力等而产生的。为了最大限度地减小热影响层的产生电路电阻，电路电阻在材质、激光照射条件、工件等方面做了工作。激光标记是将激光照射在各种产品的表面上，在照射场区域引起表面状态的变化，使之具有记号、文字、图画等的可视性。根据对象物的不同，其标记方法有（1）~（4）等。

（1）掩模图案转印投影标记是在塑料类产品上用投影透镜将激光器或普通脉冲 YAG 激光的掩模光束在对象物上成像并标记的方法。

（2）膨胀形记号是 Q 开关脉冲或正常脉冲用脉冲反射器在照射部分形成凹部的方法。

（3）面具雕刻的复合形记号是（1）和（2）的组合，由文字扫描仪读取文字记号等的单位字体，读取后的小图案由仪表指向打印位置进行打印，具有高预编码功能的方法。

（4）木材刻记号是对木材的记号和雕刻连续使用激光。在标记样品上放置掩模，并从其上用激光进行光栅扫描，然后通过图案照射聚光光束，以标记与掩模相同尺寸的图案。

另外，从标记表面的形状和状态来看，可分为两种：在表面形成凹凸的方法，用检流计等、激光扫描任意图形的方法，广泛用于半导体晶圆、玻璃、涂装等；使表面变色的方法，这是用激光照射陶瓷时发生的，另外，用红外激光照射特殊的热变色树脂材料时也会发生热变色，可用于对 IC 封装等的标记。为了通过激光照射使图案显现可视性，可以采用先均匀地进行表面处理后再进行标记的方法。例如，在各种显示开关中，比如在透明的合成树脂性部件表面显示的文字图案，涂上彩色半透明涂层，并在上面涂上不透光的黑色不透明涂层。如果在上面用激光照射记号图案，不透明的涂层就会被除去，出现彩色的文字图案。如果从背后照灯，就会出现彩色的文字图案，对于在暗间使用的开关的显示灯等有效。

2.4 准分子激光加工

2.4.1 准分子激光

目前普及的激光加工主要采用 CO_2 激光器和 $Nd:YAG$ 激光器，是将红外激光器作为热能源使用的热工艺。其有各种加工，主要的热作用是利用蒸发去除作用（切断、打孔、打标、划线等）、熔融作用（焊接、表面蒸发等）、热处理（表面硬化，退火等）。与此相对，在紫外区域使用高功率激光器的激光加热工艺，利用由光子基的大紫外线激光引起的光激发化学反应，对材料进行表面处理。与使用红外激光器的热工艺相比，采用此偶极激光的光工艺是低温工艺，局部的、选择性的加热可以通过激光束的照射进行控制。例如 CVD、超细加工、光刻蚀法等的半导体工艺、微电子学等领域，在生物医学活体切除和眼球的角膜表面剥离进行形状矫正等治疗领域中也备受关注。进行烧蚀加工的在售准分子激光器的输出取决于激光器的型号和振荡波长，其功率密度为 $100 \sim 300 MJ/cm^2$。加工所需的能量密度如下，聚合物需要约 $1J/cm^2$，陶瓷加在一起为 $10 \sim 50J/cm^2$，玻璃为 $2 \sim 5J/cm^2$，若直接照射激光，功率密度不足。在通常加工中，使从振荡器射出的光束通过将光束转换为强度分布均匀变换的光束均匀器，形成均匀的强度分布，在这里设置掩模图案，通过掩模图案的光线，通过成像透镜，形成与加工物一样清晰的缩小图案。通过缩小倍率，可以获得所需的能量密度。另外，通过选择掩蔽图案尺寸，可容易获得 $10\mu m$ 左右的加工精度。

准分子激光微细加工技术是利用准分子激光器进行加工工艺，准分子激光器能够发射各种不同的特别是紫外谱波段激光（目前已实现激光振荡的激光器中，除少数 XeO、KrO、ArO 等准分子产生绿带激光振荡外，输出波长多分布在紫外、远紫外和真空紫外波段，因此准分子激光器常被称作紫外激光器），同时在发射短波长时能保持最佳的转换效率，并具有较高的单次激射脉冲能量，这些特点使其得以飞速发展，并在微细加工等领域表现出巨大的应用潜力。其中稀有气体卤化物准分子激光器的效率最高，输出功率也最高，因而得到广泛应用。

准分子激光具有很好的方向性，其发散角达到 10^{-3} rad 这有利于在光学系统中获取较小的光斑和较高的能量密度，从而改善加工质量。此外，准分子激光还具有更高的光子能量和功率密度。就红外线激光而言，如 CO_2 和 YAG 激光器，它们的波段处于红外区域。加工材料时是利用红外区的热辐射作用，通过熔融、蒸气和气化表面材料来进行加工；而准分子激光波段处于紫外区，通过光化学反应作用，即在加工中利用单个光子的高能量，直接打断材料的分子结合键，而不是通过热作用融化和蒸发达到消融材料的目的。北京工业大学国家产学研激光技术中心于 1996 年开始，历经两年研制成功 NCLT 型实用准分子激光微加工机，各项指标达到了预期目标。NCLT 型准分子激光微细加工机是一个整体化多用途的激光加工装备，适合在有机物及陶瓷和晶体等无机物材料上进行微钻孔、微切割，制作微结构，它能以工件扫描方式移动均匀激光束，在整个基片面积上进行光栅式扫描，亦可用多种掩模投影方法制作图形。

另外，准分子激光束还具有如下特点：

（1）激光脉宽一般在 nm 之间，重复频率可达 1000Hz；

（2）激光波形轮廓为一矩形，因而照射于工件表面的各部分能量相等，与高斯光束不同；

（3）脉冲能量可达到几十焦，其功率密度至少可达 $10^9 \sim 10^{10} W/cm^2$。

上述准分子激光的这些特点使其具有广泛的应用领域和优良的加工特点。在材料加工领域，由于准分子激光的光化学消融机理、极高的激光功率密度及掩膜技术的使用，使其比 CO_2 等红外激光器具有更明显的优点。图 2-9 为美国 308nm 准分子激光治疗仪，图 2-10 为准分子激光精密加工系统。

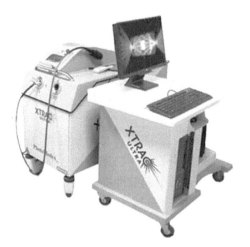

图 2-9　美国 308nm 准分子激光治疗仪　　　图 2-10　准分子激光精密加工系统

2.4.2　高分子材料加工

准分子激光刻蚀聚合物的机制一般认为主要有光化学、光热和光物理机制。所谓光化学机制是指被吸收的光子引起材料的分解而形成刻蚀；光热机制指被吸收的光能转化成热能而引起材料的升温，直至材料气化或分解而产生刻蚀；光物理机制指的是光化学、光热两种机制的结合。物质的振动被激光激活，由此产生热量对加工的作用。与此相对，准分子激光加工是直接通过激光切断物质的化学键的非热加工。烧蚀通常被称为"非热加工"，在加工进行中材料的去除是由于能量吸收直接断键而引起，不是由于材料的快速受热和汽化所引起的，每个脉冲的烧蚀深度基本都大于光学的吸收深度，所以与非烧蚀的激光工艺相对，加工中本体材料的温升要大大降低。准分子激光烧蚀特性主要是受控于激光波长、激光脉冲频率和在加工材料上的能量密度。准分子激光刻蚀聚碳酸酯材料，通过对不同能量密度下得到的不同烧蚀深度得知，聚碳酸酯材料对波长 248nm 激光的吸收系数为 $4.17×10^4 cm^{-1}$，能量阈值为 $49.8MJ/cm^2$。用于电子部件的聚酰胺可通过 XeCl、KrF 等准分子激光器进行加工，能量密度约为 $1J/cm^2$，加工速度为 $0.3～0.4μm/$脉冲。在柔性线路板胶片的加工中，XeCl、KrF 的波长在 308nm、248nm，能量密度在 $1J/cm^2$，加工速度 $0.4μm/$脉冲，ArF 激光器 $0.15μm$ 左右，使用 ArF 准分子激光进行刻蚀的速度是由于样品吸收系数的差异而有所不同。开始时的阈值略有不同，其阈值在 0.1J/cm^2 以下。聚酰胺加工时的问题是加工周边附着有碳，去除碳可以采用加工后用酒精擦拭或超声波清洗的方法。在实验中，如果一边吹入氦气一边进行烧蚀加工，碳的附着量急剧减少，氦气对加工速度没有影响，对碳的附着非常有效。以下例子都可使用这种方法，在陶瓷（氧化铝）进行槽加工；除去铜线的聚氨酯被粗线材剥离；在玻璃上打圆孔；对铜底板上的聚酰胺进行狭缝加工；对聚合物的导线进行标记等。另外，在基板的聚酰胺性的绝缘层上开通小孔，在喷墨打印机喷嘴、医用领域的生理学中使用的光学探针等方面开始被应用。

2.4.3　表面改性

准分子激光照射聚合物表面能够引起表面形态、化学结构、光学和电学性质等多方面的变化，对于可以引起表面形态的变化机理主要是刻蚀率不同、高温下的应力释放，场干涉理论的原因。激光处理聚合物表面引起的性能变化主要是由于亲水性、染色性、黏结性、电导性等因素。激光照射是属于非接触的处理过程，在物质上不会引起污染，而且这种方法简便高效、选择性强、定位性强，具有可控性，不会引发其他破坏性的副反应。对于钛合金的激光表面改性主要是激光熔覆、激光熔凝、激光合金化，如此激光表面改性工艺参量优化，激光改性过程中裂纹产生机理及裂纹控制、复合激光表面改性技术、纳米改性层、功能梯度改性层、激光原位合成、激光熔覆非晶涂层都可以进行实验讨论。

在表面被曝光的陶瓷和聚合物等中观察其表面改性。在 PVC 上用 1.06J/cm^2 的全聚光照射 ArF 激光的话，激光从表面平坦地去除，但在 0.11J/cm^2 的照射条件下，表面会形成很多圆形突起。PET（聚对苯二甲酸乙二酯）、PVDF（聚偏氟乙烯）、PEEK（聚醚醚酮）等含有数微米的微小结晶粒，该结晶部分比周围部分的非晶质低密度部分的刻蚀率低。一旦圆锥形的形状在照射表面形成，由于向斜面的入射角变大，整合度变小，因此形状稳定为圆锥形。PC（聚碳酸酯）在制造过程中，应力有方向性地残留时，用 ArF 激光器照射在表面形成波形凹凸的材料，就能得到扁平面。

2.4.4　表面改性提高

为了得到强有力的黏附力，需要在表面有起关键作用的凹凸形状。考虑等离子刻蚀、化学处理、机械处理等，表面组织在黏接前变弱，黏着力变弱。如果对碳纤维环氧复合结构材料照射激光，仅环氧材料被除去，碳纤维却完好无损地残留下来。通过照射 X 光，可产生清洁作用，使表面粗糙，增加表面积和摩擦系数。另外，还发现了化学方法使表面活性化，通过光化学反应引起组成改善，增加黏接剂黏着力的现象，增加表面亲水性。

通过 X 光照射可从表面去除碳氢污染层，之后可通过改变化学活性层或照射条件来形成无活性表面。如果照射高氟醚，根据条件可变质为亲水性或热水性。例如，在聚碳酸酯上照射 KrF 激光可以增加亲水性。这种现象使选择性的涂漆形态布和色素附着成为可能。

2.4.5 纳米表面改性

纳米材料由于其结构尺寸小，材料性能优异，将纳米粉体材料与激光表面改性技术相结合，在合金表面制备含有纳米材料的表面复合改性层，可提高改变合金的力学、物化、化学性能，使其具有新的功能，使材料表面改性的作用得到体现。超短脉冲激光与物质作用时，激光能量传递到材料在飞秒时间内完成，导致材料辐照区域温度迅速升高，能量来不及扩散，仅在表面很薄的一层材料达到很高的温度，实现烧蚀。飞秒超短脉冲激光与以往的长脉冲激光与物质相互作用相比，优势主要体现在极短的脉冲持续时间使得在激光与物质相互作用期间基本上不需要考虑流体动力学过程的影响。现在超短脉冲激光微加工已成为激光精密加工领域的新前沿，其也将逐渐应用到合金激光表面改性中。

2.4.6 准分子激光加工设备

准分子激光加工设备由激光振荡器与加工装置组成。

2.4.6.1 激光振荡器

激光振荡器主要由三个部分组成，工作物质、激励能源、光学谐振腔。工作物质是激光器的核心，只有能实现能级跃迁的物质才能作为激光器的工作物质。目前，激光工作物质已有数千种，激光波长已由 X 光远至红外光。例如氦氖激光器中，通过氦原子的协助，使氖原子的两个能级实现粒子数反转。激励能源（光泵）是给工作物质以能量，即将原子由低能级激发到高能级的外界能量。通过强光照射工作物质而实现粒子数反转的方法称为光泵法。例如红宝石激光器，是利用大功率的闪光灯照射红宝石（工作物质）而实现粒子数反转，造成了产生激光的条件。通常可以有光能源、热能源、电能源、化学能源等。光学共振腔是激光器的重要部件，其作用一是使工作物质的受激辐射连续进行；二是不断给光子加速；三是限制激光输出的方向。最简单的光学共振腔是由放置在氦氖激光器两端的两个相互平行的反射镜组成。当一些氖原子在实现了粒子数反转的两能级间发生跃迁，辐射出平行于激光器方向的光子时，这些光子将在两反射镜之间来回反射，于是就不断地引起受激辐射，很快地就产生出相当强的激光。这两个互相平行的反射镜，一个反射率接近 100%，即完全反射。另一个反射率约为 98%，激光就是从后一个反射镜射出的。

固体激光振荡器靠光抽运来实现粒子数反转；气体激光振荡器粒子数反转是由电子碰撞激发的；在半导体激光振荡器中，粒子数反转的实现是靠注入不同物质的少数载流子形成激活区（pn 结）。在激活区（pn 结）中实现的半导体激光振荡器，最大的优点在于它容易实现粒子数反转（如只需很小的脉冲电压），高效率体积小，因而半导体激光振荡器成为激光发展的主流。通过扩散在材料中掺入不同的杂质，形成 pn 结，利用光刻工艺形成微小孔穴的半导体材料，更容易实现粒子数反转。寻找新的半导体材料仍然是半导体激光的新突破。

2.4.6.2　加工装置

激光直接加工的装置简单，造价和运营成本都很低，不像光刻刻蚀方式，需要光罩制备装置、涂胶和显影装置、曝光装置、刻蚀装置和去胶装置等成套的装置，激光直接加工方式的加工产物是半导体基板或半导体基板上形成的薄膜的原材料，对环境影响会很低。而光刻加刻蚀方式需要利用到对环境有负担的气体或液体，加工产物也往往是对环境有负担的化合物。再者，激光直接加工方式可加工的图形相对灵活、自由度高。但是，相对于光刻刻蚀方式，传统的激光直接加工方式也存在着一定的劣势，如大面积加工时，生产效率不够高。图 2-11 所示为激光器加工光路图。

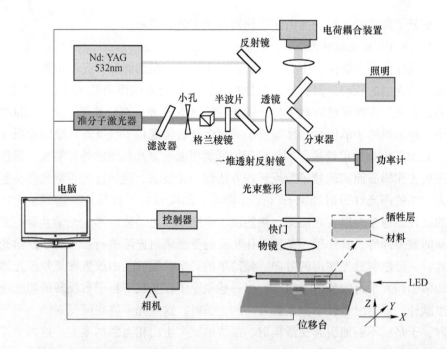

图 2-11　激光器加工光路图

2.5 激光应用加工

根据激光束与材料相互作用的机理，大体可将激光加工分为激光热加工和光化学反应加工两类。激光热加工是指利用激光束投射到材料表面产生的热效应来完成加工过程，包括激光焊接、激光切割、表面改性、激光打标、激光钻孔和微加工等；光化学反应加工是指激光束照射到物体，借助高密度高能光子引发或控制光化学反应的加工过程，包括光化学沉积、立体光刻、激光刻蚀等。

2.5.1 激光辅助加工

随着激光技术的不断发展，激光辅助加工（LAM，或称激光加热辅助加工）逐渐成为难加工材料的一种有效方法。激光辅助加工是将高功率激光束聚焦在切削刃前的工件表面，在材料被切除前的短时间内将局部加热到很高的温度，使材料的切削性能在高温下发生改变，从而可以采用普通刀具进行加工。通过对工件加热，提高材料的塑性，降低切削力，减小刀具磨损，减小振动。对硬脆材料可将其脆性转化为延展性，使屈服强度降低到断裂强度以下，避免加工中出现裂纹，从而达到提高加工效率、降低成本、提高表面质量的目的。

激光辅助加工主要用于镍合金、钛合金和淬硬钢的加工。目前，这种方法还用于加工高强度、高硬度及高脆性的陶瓷材料和复合材料。在激光辅助加工中，加工材料表面的温度可以通过调整激光光斑大小、功率及刀片的旋转（车）或进给速度（铣）进行精确的控制。工件表面被加热区域温度的升高降低了该区域的表面强度，从而提高了加工的容易度及材料切削的速度，此外在不带来因加热导致的工件损坏或损坏很小的情况下，还提升了复杂形状的加工能力以及工件表面的加工效果。

激光辅助加工不仅是利用激光束的能量进行加工，还考虑与激光能量并用，并辅以其他形式的能量，提高加工效率、加工精度等的方法。作为辅助能源，可以考虑放电能源、机械能源，超声波能源，化学反应能源等，虽然试验的手段比较复杂，在很多情况下其效果不显著，至今被实用化的例子很少。

2.5.2 激光辅助刻蚀

1982 年 IBM 的 R. J. von Gutfeld 等进行的 LAE（laser assisted etching）激光辅助刻蚀是在 KOH 的水溶液中，用 Ar 离子激光器照射样品，在激光聚光点照射的地方选择性地进行刻蚀加工的方法。Ar 离子激光器与高功率 YAG 激光器照射进行了同样的尝试，为了得到无热影响层的加工结果，具有短脉冲峰值功率高的 Q 开关脉冲照射是有效的。通过脉冲宽度为毫秒左右的 YAG 激光照射，可以观察到在陶瓷加工中产生微裂纹。在 Q 开关脉冲的照射下，如果尝试输出以 20kHz 以上的高重复率，则可观察到微裂纹。但是，小于 20kHz 重复率下，熔融凝固层和裂缝的发生大幅度地减少，加工孔的内壁和槽的内壁呈现出的粒子状的形态。这被认为是由于对加工部照射 20kHz 以上的脉冲，则去除加工就成为连续的，在脉冲和脉冲之间的去除过程中，在从母材中去除物的移动未充分进行时，不断地照射脉冲。因此，为了避免热变质层的产生，必须降低加工条件的频率，确保去除物的移动。如果在溶液中使用 KOH，则在 SiN 加工中，加工去除速度增加，但热变质层发生情况与水中加工结果没有太大区别。

2.5.3 激光焊接

激光焊接是利用高能量密度的激光束作为热源的一种高效精密焊接方法。激光焊接是激光材料加工重要技术之一，20 世纪 70 年代主要用于焊接薄壁材料和低速焊接，焊接过程属热传导型，即激光辐射加热工件表面，表面热量通过热传导向内部扩散，通过控制激光脉冲的宽度、能量、峰值功率和重复频率等参数，使工件熔化，形成特定的熔池。由于其独特的优点，已成功应用于微、小型零件的精密焊接中。激光焊接的优点主要是激光束可聚焦后达到高功率密度，使焊缝较深；热扩散小，影响区域小，可以精确焊接；可焊接较难加工的材料；焊接过程可不需要在真空下进行，但焊接过程可以保护气体下完成，可避免有害气体的侵蚀，像氧化等反应；激光焊接不需要焊条，还可以实现成分与母材料的良好接缝；激光焊接过程可迅速停止，无惯性造成影响；激光焊接可高速进行，以可与自动化结合，方便控制等。

2.5.4 激光辅助切削铣削加工

激光加热辅助切削技术最早出现于 20 世纪 70 年代，作为一种提高难加工材料生产率的方法，用于镍合金、钛合金和淬硬钢的加工。虽然激光辅助切削加工技术（LAM）的可行性得到了验证，但受金属材料吸收率低、激光技术发展等因素限制加工成本高、加工经济性差，使 LAM 的研究陷入停滞状态。而到 20 世纪 90 年代，由于陶瓷等复合材料技术的发展，性能好、加工难度大的材料出现及激光设备价格降低，LAM 技术逐渐回到了研究者的视线。激光辅助切削加工是通过加工直切削刃并照射激光束来加热切削刃，从而降低切削阻力，从而容易地去除材料的方法。

激光辅助加工还可以成功用于铣削。与切削不同的是，铣削中旋转的刀具给这种辅助加工方式带来很多问题。不过，如果仔细设计激光光束的路径和聚焦方式，可以带来很好的效果。在激光辅助微细铣削中，所需要的最少设备包括：一个或多个精密 CNC 工位、一根高速主轴、一台激光设备及一把微小径铣刀。一般来说要想成功实现激光辅助微细铣削，工位的定位精度设为几微米或更少，主轴速度大于 100kRPM。微细铣削不需要太大的功率，一般为 20~50W，激光辅助微细铣削已经成功应用于槽铣和斜切加工中。各种难加工的材料在切削力、刀具寿命和表面质量等都方面都得到了改进，包括铝、钢、不锈钢、Inconel 718 和 Ti6Al4V 等。在微细铣削中，切削速度受制于主轴最大的转速和最小的刀具直径，导致剪切面的温度较低。激光辅助铣削也可以应用于陶瓷及一些高温合金的加工中。采用激光辅助来铣削氮化硅需要采用 TiAlN 涂层硬质合金刀具，并且将加工区域的温度提升至 1200~1300℃。采用这种方法可以取得很好的表面质量和可重复操作的效果，同时刀具的磨损也在可接受范围内。

2.5.5 超声波激光清洗振动

利用高能激光束照射工件表面，使表面的污物、颗粒、涂层等附着物从工件表面脱离，这样能使工件表面达到洁净，产生超声清洁的效果。在脉冲激光的钻孔中，在孔轴方向上对工件施加 20kHz 左右的超音波振动，可以从加工孔的内部有效去除熔融物，这样尝试可以改善孔形状，能减少凝固层的内部残留。使施加振幅在 0~40μm 的范围内变化，一边照射 CO_2 激光器，一边对 1mm 厚的 SK5 木材尝试打孔，确认去除材料效果。当振幅增大时，观察到去除量也在增加了。与用蒸发去除方法相比较，在去除孔内部的材料的方法上，激光方法的能量更少。

2.5.6 激光光刻

激光光刻是利用光学-化学反应原理将电路图形刻印在介质表面，达到想要的图形的新型微细加工技术。在半导体集成电路的高集成化和高性能化方面，激光光刻对分辨率的提高起到了很大作用。提高透镜性能和利用光源的短波长。可缩小亚微米光刻的投影曝光。对水银灯光源使用方法的改良，对光刻胶的改良等，向亚微米领域的发展。作为激光的紫外线光源，脉冲中除了准分子激光外，还有 Nd:YAG 激光器的第四高次谐波，但输出功率较低。在连续激光中，有氩离子激光器（第 2 谐波为连续输出）等，但作为光刻光源，各处都在研究准分子激光。光刻中准分子激光器的特征是，与汞灯的性能相比较而言，波长较短，与其他激光器相比输出功率高、效率高、振荡模式为高次多正模式，因此散斑的发生较少，另外，光谱宽度的可控性较好等，缺点是装置占地面积大、维护性差、寿命短等，虽然可以控制光谱，但也存在不稳定因素。由于振荡光的强度分布的均匀性不好，所以需要采用光束均匀化光学系统。由于激光气体的使用是卤素气体等腐蚀性有毒气体，因此具有比密封的水银灯的维护性更差的缺点。准分子激光器的光刻曝光设备的光源有图案生成器、掩模对准器、晶圆步进器等。芯片在每次曝光时以步进方式移动芯片，并将掩模图案一个接一个地投影和转移到芯片上。由于是适合量产的装置，所以使用了很多台。转印的缩小倍率通常是 5：1。为了获得高分辨率，从抑制衍射引起的图像模糊程度来看，光源波长越短越好。虽然认为准分子激光器从波长 193nm 的 ArF 激光器具有实用的可能性，但由于透镜材料在短波长区域的透射特性有限，以及短波长区域的耐用性等因素的制约，目前 KrF 激光器多采用 248nm 的波长。

2.5.7 激光修复

利用激光对各种产品、零件的制造过程中产生的缺陷进行修复的方法被称为激光修复。修复的实施方法，第一根据目的去除图案，第二通过添加新的薄膜，形成图案缺损和新的布线，完成电路修复等。

2.5.8 激光图案去除加工

掩模缺陷修复是消除各种缺陷，例如黑点、突起、接触、边缘粗糙等残留缺陷等，得到所需的图案。这些缺陷由工艺问题、处理、设计失误等造成。如果能够将这些缺陷的发生完全归零化，就不会有问题，但如果图形向微细化发展，成缺陷尺寸也会微细化。能够应用该方法进行修复的对象有 IC 或液晶等光电掩模，滤色器，传真机等的热敏头，使用液晶透明电极等薄膜部件。通过除去这些铬、铝、膜等图案，达到了修复的目的。由于能够将以前的不合格产品而被废弃的对象进行补救。另外，作为一种特殊的修复方法，有人提出采用背面涂装的方式进行修复，这是利用紫外线激光去除的方法。

在存储器、液晶显示器等产品中有大量的微细组件和电路。在最终工序的测试中，由于内部构成组件少数不合格的原因，产品整体有时会成为不合格产品。可通过激光加工的应用来缓解这种不良现象。为此，考虑了在器件设计阶段预先在芯片和底板内设计嵌入冗余度的电路。如果在最终工程阶段的测试结果中发现不良点，就将含有不良组件的电路从整体电路功能中切断。此外，还可切换到与其同等功能的冗余电路。通过这个操作可以使不良产品成为合格产品。这种方法在集成了大量电路组件的各种 IC、液晶面板等产品成品率改进方案得到提倡，并开始应用。

2.5.9 作为修复的激光振荡器

光学系统振荡器使用 Q 开关 Nd∶YAG 激光器。振荡波长根据修复对象材质的不同，从基本波的波长 1.06μm 到第二和第四谐波的波长 0.533μm、0.2664μm 等。在 IC 冗余电路的切断和熔断等中使用，由于需要将聚光光斑尺寸缩小到 500nm 以下等原因，波长短是有利的。另外，由于吸收率大、透过玻璃层等原因，薄膜使用 0.533μm 的波长。用于局部剥离汽车等涂装表面的镀膜加工，可使用紫外线区 0.266μm 的第四谐波。作为这种谐波振荡器的组成，第二发生谐波谐振器的内部组成直线型光学结构，第四谐波发生在其第二谐波从激光器谐振腔后组成直线型光学结构的构成。为了避免在薄膜加工过程中产生热变质层，脉冲波形采用了脉冲宽度较窄的 Q 开关脉冲振荡所获得的输出。在激光振荡器内产生基本波和第二谐波，在谐振器外部产生第四谐波。这些波长成分的分离使用光束分离器反射镜和偏振组件。聚光光学系统的结构根据使用的波长和照射图案的成形方法而变化。在微小斑中进行微小去除时使用圆形斑，这需要像差较少的聚光光学系统。在黑点等的去除加工中使用照射方形图案或其他异形图案的方法。

2.5.10　激光附加加工方法

激光附加加工方法是指通过激光与物质的化学作用，使材料发生图案改变的加工方法。为了形成用于修正铬膜图案的方法，将铬羰基气体在容器内泄露到窗口上，然后通过窗口从外部照射紫外线激光，窗口上的铬羰基气体如果发生光解离反应，就会变成一氧化碳气体和铬，铬在窗口上形成不透明的膜。在掩模修正中，铬膜的图案形状精度很重要，与热 CVD 相比，利用图案可控性较好的光分解 CVD 的边缘部分更清晰且有效。在照射图案的形成中，采用狭缝决定形状，通过成像光学系统使该图像形成。

3　电子束加工

3.1　电子束加工原理

电子束加工（electron beam machining, EBM）是在真空条件下，利用电子枪中产生的电子经加速、聚焦后能量密度为 $10^6 \sim 10^9 \, W/cm^2$ 的极细束流，高速（光速的 60%～70%）冲击到工件表面，并在极短的时间内，将电子的动能大部分转换为热能，形成"小孔"效应，使工件被冲击部位的材料达到几千摄氏度，致使材料局部熔化或蒸发，达到加工目的。电子与固体物质发生碰撞时，入射电子（碰撞后的电子）中，有与表面原子之间发生碰撞而被直接反射到外部的反射电子，也有通过与固体构成原子之间反复进行几次非弹性碰撞而向外部反射的电子，但是，大部分电子与固体构成原子反复进行非弹性碰撞，在失去能量的同时入射到物质中。此时会产生热、固体原子的激发、离子化、二次电子、X 射线、荧光等。电子束焊经过不断发展已经成为一种成熟的加工技术，无论是汽车制造，还是航空航天，都起着举足轻重的作用。而 40 多年来，激光加工已从实验室走向了实用化阶段，并进入了原来由电子束加工的各个领域，大有取代电子束加工的势头。但实践证明，激光和电子束作为高能量密度热源，除了具有很多相同的技术特点外，在技术和经济性能上，针对不同的应用场合，仍有各自不同的特点。

3.1.1　产生热量

在利用产生热的精密加工和微细加工中，最重要的是加热的范围扩大到何种程度。由于电子进入固体内部，并沿着其轨迹产生热量，因此无论电子如何集中在一点，最终的热源也会扩散，所以把握好这个范围是很重要的。在真空中从灼热的灯丝阴极发射出的电子，在高电压（30～200kV）作用下被加速到很高的速度，通过电磁透镜会聚成一束高功率密度（$10^5 \sim 10^9 \, W/cm^2$）的电子束。当冲击到工件时，电子束的动能立即转变成为热能，产生出极高的温度，足以使任何材料瞬时熔化、气化，从而可进行焊接、穿孔、刻槽和切割等加工。由于电子束和气体分子碰撞时会产生能量损失和散射，因此，加工一般在真空中进行。

电子束加工机由产生电子束的电子枪，控制电子束的聚束线圈，使电子束扫描的偏转线圈，电源系统和放置工件的真空室，以及观察装置等部分组成。先进的电子束加工机采用计算机数控装置，对加工条件和加工操作进行控制，以实现高精度的自动化加工。电子束加工机的功率根据用途不同而有所不同，一般为几千瓦至几十千瓦。

在微细去除加工中，了解热源是如何分布的是关键，照射光束的初始温度分布与功率密度分布成比例。也就是说，包括材料内部在内，只有照射的部分与功率溶度成比例加热。利用这一现象，利用高功率浓度（W/cm^2）光束，仅在极短的时间内对照射过光束的部分进行高温加热，进行去除，这是微细去除加工。因此，在微细去除加工中，了解热源如何分布是很重要的，电子射入固体材料内部，产生热量，但不是均匀产生。在某一深度处的热量发生比例（每单位厚度的发热量）取最大值。因此，最高温度上升存在于材料内部。这与能量全部施加到材料表面的表面热源（金属的激光加工与此相当）相比有很大不同。在电子束微细加工中，需要考虑以上几点来确定电子束加工条件（电子束电压、束径等）。电子束加工原理如图 3-1 所示。

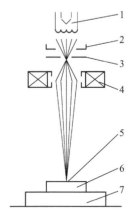

图 3-1　电子束加工原理图
1—旁热阴极；2—控制栅极；
3—加速阳极；4—聚焦系统；
5—电子束斑点；6—工件；
7—工作台

3.1.2　电子束加工类型

将电子照射到材料上进行加工，有热加工和化学加工两种。波束条件方面可以分为加速电压的高压、真空、空气中、波束缩小、不缩小等，但从基本现象方面可以分为热加工、非热加工（化学加工）。对加工方法进行分类，主要包括热加工，去除（钻孔，切割，修剪等）、焊接、表面处理（淬火，熔化）、退火、蒸发、熔化和熔化颗粒的生产，另外非热加工包括光刻和固化。

3.1.3　电子束加工的特点

电子束加工具有以下特点：功率密度高，属非接触式加工，工件不受机械力作用，很少产生宏观应力变形，同时也不存在工具损耗问题；电子束强度、位置、聚焦可精确控制，电子束通过磁场和电场可在工件上以任何速度行进，便于自动化控制；环境污染少，适合加工纯度要求很高的半导体材料及易氧化的金属材料。

电子束加工的优点主要有电子束直径很小，能量密度高，生产效率高，材料适应性广，工件变形小，控制性能卓越，污染非常少，而电子束加工的缺点主要是加工成本高，有一定的局限性，在加工过程中会产生 X 射线，对人体有危害。

3.2　钻　孔

　　电子束钻孔虽然也可以进行非热穿孔，但由于其属于光刻的范围，因此在本节中仅限于热钻孔。电子束钻孔是指在不锈钢、耐热钢、宝石、陶瓷、玻璃等各种材料上钻小孔、深孔。最小加工直径可达 0.003mm，最大深径比可达 10，像机翼吸附屏的孔、喷气发动机套上的冷却孔，此类孔数量巨大（高达数百万），且孔径微小，密度连续分布而孔径也有变化，非常适合电子束打孔；塑料和人造革上打许多微孔，令其像真皮一样具有透气性。一些合成纤维为增加透气性和弹性，其喷丝头型孔往往制成异形孔截面，可利用脉冲电子束对图形扫描制出；还可凭借偏转磁场的变化使电子束在工件内偏转方向加工出弯曲的孔。

3.2.1　钻孔设备

　　电子束去除作用有蒸发去除及熔融体去除。在一般金属的打孔加工中，可以观察到剧烈熔体的飞散和蒸汽的产生。因此，可以认为蒸发和去除熔融体两者同时发生。高能电子（打孔加工中，加速电压为 100～150kV，即电子的能量为 100～150keV）射入固体材料内部，在那里产生热量。另外，其产生比例（单位深度的能量）在固体材料内部具有峰值。因此，高功率密度电子束照射后，某一深度（根据电压、材料不同，可认为是数皮米至数十微米）的投面层同时熔化。此时，最高温度上升并不存在于表面，而是存在于材料内部。因此，可以认为熔融层内部会产生气泡。接着照射的电子会在气泡的内部附近产生最大的热量，这种气泡会生长，最终气泡内的小孔（由表面张力产生的作用力和由气泡内部的蒸气压产生的作用力）膨胀，气泡破裂。这时，熔体会在周围飞散。通过不断重复这个过程，可以认为孔洞会越来越深。熔体不仅在上方，而且沿着材料表面的方向飞散。因此，如果孔变深，熔融体的去除效率就会降低。结果孔在达到一定深度时就会饱和。若要钻出一定深度，根据材料、光束等条件确定后，对这些条件进行相应的设定才能钻出相应的孔，当然，电子激光的性能例如光束功率、功率密度的提高可以进一步钻出更深的孔。

3.2.2　加工孔质量

　　由于本加工是通过熔融、蒸发去除的，所以孔的周围当然会产生热的影响。一是熔化的东西没有完全除去而残留下来，二是在这一再凝层的外侧即使是固相也能受到热量。这里，根据对材料组织的观察，将与母材不同的层称为变质层，这是孔底熔融层厚度的变化。利用功率密度 $1.5 \times 10^4 \mathrm{W/mm^2}$ 对软钢进行脉冲性加工，在脉冲宽度依次变化时残留的变质层厚度变化，变质层的厚度不是一定的，而是经常变动的。这是由前面所述的去除机制引起的，即反复进行熔融层的形成及去除。如上所述，变质层的厚度发生变化，可以认为是 $20\mu m$ 左右。这样，变质层残留意味着加工精度受到影响。为了扩大孔径，需要扩大光束，其结果是熔融范围也扩大。因此，可以认为残留的熔化时间也会扩大。

3.2.3 加工效率的提高

为了解决提高加工效率的问题，并且改善孔的性状即提高孔径减少变质层等的方式，可以通过在目标材料下放置低熔点，高蒸汽材料进行加工的方法实现。加热从表面开始，到达里面时，下面的材料会产生高压蒸汽。由此，可以有效地去除熔融的部分。敷设材料对孔形状的效果是不改变电子束入口（加工物表面）孔径而增大出口（要面）孔径，结果可减小孔的锥形度。另外，这种倾向是垫底材料的导热率越大越明显。当然，通过这种方法也不可能完全去除熔体。根据实用的装置加工孔周围的变质层厚度被认为是 $5\sim 10\mu m$ 左右。由于电子束加工在真空中进行，所以在处理产生高蒸汽压的材料时，需要具有相应排气能力的装置。

3.2.4 加工孔形状

加工孔的截面形状、纵横比（孔深度/孔直径）与加工装置的性能（光束直径、功率密度）有很大的关系。例如，从直径为 $50\mu m$ 的小径孔可以进行宽高比为 25（直径 $100\mu m$，厚度 2.5mm，氧化铝陶瓷）的钻孔。另外，孔的形状根据镜片、加工物之间的距离、会聚位置、功率密度等的不同而不同。

3.2.5 加工性能

对于加工中即使增加速度也无法钻出一定深度（该深度由材料、光束条件决定）的孔，当然，可以通过提高光束装置的性能，例如光束功率、靶子等来钻出更深的孔。由于该加工方法是通过熔化、蒸发来去除的，因此，孔的周围的材料当然会受到热的影响。一方面，熔化的物质不完全除去而残留，另一方面，在该凝固孔径外侧，即使是固相，也会受热影响的。在此，将把与本身材料不同的材料称为变质钢，这是孔底熔层厚度的变化。功率密度，对于比较细致的脉冲加工，使脉冲宽度依次变化时的残留变质钢的厚度。变质钢的质量不是一定的，而是经常变动的。

3.2.6 电子束切割焊接

电子束可对各种材料进行切割，切口宽度仅有 $3\sim 6\mu m$。利用电子束再配合工件的相对运动，可加工所需要的曲面。电子束焊接原理和加工现场见图 3-2 和图 3-3。

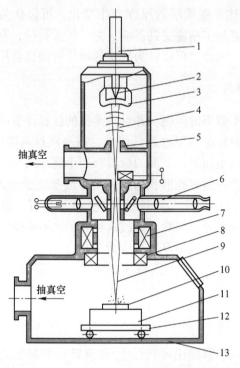

图 3-2 电子束焊接原理

1—高压电缆；2—灯丝（阴极）；3—控制极（阴极）；4—高压静电场；5—阳极；
6—光学观察系统；7—磁透镜；8—偏转线圈；9—电子束；10—工件；
11—工作台；12—传动机构；13—焊接工作室

图 3-3 电子束焊接加工现场图

3.3 电子束光刻

当使用低能量密度的电子束照射高分子材料时，将使材料分子链切断或重新组合，引起分子量的变化，再将其浸入溶剂中将产生的变化现象显影出来。把这种方法与其他处理工艺结合使用，可实现在金属掩膜或材料表面上刻槽。麻省理工学院（MIT）的研究人员已经开发出一种技术，可望提升在芯片上写入图案的高速电子束精度，甚至可达9nm，远小于原先所预期的尺寸。MIT对于电子束光刻工具的最小特征尺寸已证实可以解决25nm程度的跨越问题。这项研究结果发表在Microelectronic Engineering中，可望让电子束光刻回归到未来半导体制造的光刻技术的讨论范畴之中。多年来，超紫外光光刻（EUV）一直被认为是接替光学光刻的领先技术。然而，超紫外光光刻EUV仍然遭遇极大挑战，包括需要足够的光源，以及缺乏能保护掩膜使其不受污染的EUV保护膜（EUV pellicle）。直写式电子束光刻也相当具有吸引力，因为它消除了目前芯片制造中极其昂贵的一个部分——掩膜。然而，该技术与其他技术相比仍存在着问题，其电子束写入时间非常缓慢。电子束工具可用于掩膜写入。在电子束光刻领域，电子束会一行一行地扫描整个芯片光刻胶的表面，而目前的光刻则是让光线通过掩膜照射，一次冲击整个芯片表面。

3.3.1 电子束光刻设备

电子束光刻设备如图3-4所示。设备基本上由电子枪、电子光学系统、加工室（加工物台等）构成。其中电子枪是电子的生成部分及加速部分，由阴极、栅电极、阳极构成，结构上与三极真空管相同。阴极（一般用发状钨丝，将其通电加热产生热电子）中产生的电子与阳极（接地）之间加速。去除加工多为高电压型，施加100~150kV的电压。栅电极通过脉冲方式向阴极施加负电压，能够使电子束脉冲化。

通过阳极中央孔的电子束进入电子光学系统。之后，光束通过透镜（电磁透镜）会聚，由偏转线圈在材料上扫描。加工物一般设置在加工室的里面。另外，电子的生成部、电子束的通路和加工部被放置在真空中，因为空气分子残留的话，电子就会与之碰撞，然后散射。特别是高压下，电子能部分设为10^{-4} ~ 10^{-3}Pa并且放电。另外，考虑到来自加工点的蒸汽，加工管由大型排气装置保持在真空中，可提取的光束电流不仅因阴极（灯丝）的温度、加速电压而变化，而且因加速电压而使会聚性、偏向性也发生变化。为了将加工尺寸控制在一定公差内，必须使加工条件保持一定，为此，加工装置自身的电气控制条件必须控制在一定范围内。例如，装置的一个例子是（当加速电压为100kV，光束电流为

图 3-4　电子束光刻

20mA 时），加速电源部为±0.1%，阴极部灯丝电源为±0.1%，电网电源部为±0.05%的稳定度。

3.3.2　光束、加工物的控制

由于本加工是高速加工（每单位时间的钻孔个数多），与此同时，需要加工物或接引物的高速移动。因此，虽然进行了接引物的偏向，但光束相对于加工物表面的入射角同时也会发生变化。为此，开发出了利用两级偏向系统捕捉的方法。这种方法入射角度在某种程度上是可变的。

4 离子束加工

4.1 离子束加工原理

4.1.1 离子束加工背景

近年来获得较大发展的新兴特种加工方式，离子加工极高的加工精度和加工质量在精密微细加工方面，尤其是在微电子学领域中得到了较多的应用，比如亚微米加工和纳米加工技术。纳米科技作为一种极具潜力的前沿科技，其未来发展必定对人类生活有着极大的影响，而离子束加工作为操作纳米级材料的手段，对离子束加工的研究也极具意义。

4.1.2 离子束定义及特点

离子束加工（ion beam machining，IBM）是在真空条件下利用离子源（离子枪）产生的离子经加速聚焦形成高能的离子束流投射到工件表面，使材料变形、破坏、分离以达到加工目的。

因为离子带正电荷且质量是电子的千万倍，且加速到较高速度时，具有比电子束大得多的撞击动能。因此，离子束撞击工件将引起变形、分离、破坏等机械作用，而不像电子束是通过热效应进行加工。

离子束加工特点：

（1）加工精度高。因离子束流密度和能量可得到精确控制；

（2）在较高真空度下进行加工，环境污染少。特别适合加工高纯度的半导体材料及易氧化的金属材料；

（3）加工应力小，变形极微小，加工表面质量高，适合于各种材料和低刚度零件的加工。

4.1.3 离子束加工的原理

离子束加工技术是利用离子束对材料进行成形或改性的加工方法，如图 4-1 所示。其加工原理和电子束加工类似，也是在真空条件下进行，先由把电子枪产生电子束，再引入已抽成真空且充满惰性气体的电离室中，使低压惰性气体离子化。由负极引出阳离子又经加速、集束等步骤，最后射入工件表面，以达到加工处理的目的。

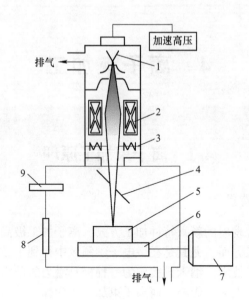

图 4-1　离子束加工原理

1—电子枪；2—电磁透镜；3—偏转器；4—反射镜；5—工件；
6—工作台；7—驱动电机；8—窗口；9—观察室

与电子束加工不同的是离子带正电荷，其质量比电子的质量大千万倍。由于离子质量较大，故在同样的电场中加速较慢，速度较低，然而一旦加速到较高速度，用离子束加速轰击工件表面，将比电子束具有更大的能量。电子束加工主要通过热效应来蚀除材料，而离子束加工由于离子本身质量较大，撞击工件材料时，能引起材料的变形、分离、破坏等机械作用，从而达到去除材料的目的。

4.1.4　离子束加工的优缺点

离子束加工具有以下优点：

（1）加工精度高。由于离子束可以通过电子光学系统进行聚焦扫描，离子束轰击材料是逐层去除原子，离子束流密度及离子能量可以精确控制，所以离子刻蚀可以达到纳米级的加工精度。离子镀膜可以控制在亚微米级精度，离子注入的深度和浓度也可以精确地控制。因此，离子束加工是所有特种加工中最精密、最细微的加工方法，是当代纳米加工技术的基础。

（2）污染少、无氧化。由于离子束加工是在高真空中进行的，所以污染少，特别适用于易氧化的金属、合金材料和高纯度半导体材料的加工。

（3）对材料影响小。离子束加工是靠轰击材料表层原子来实现的。它是一种微观作用，宏观压力很小，故加工应力、热变形等极小，加工质量高，适用于各种材料和低刚度零件的加工。

离子束加工的缺点即离子束加工设备费用高，成本高，加工效率低，因此应用范围受到一定限制。

4.1.5 离子束加工的分类

离子束加工按照其所利用的物理效应和达到的目的不同，可以分为四类，即利用离子撞击和溅射效应的离子刻蚀、离子溅射沉积离子镀，以及利用离子注入效应的离子注入。

（1）离子刻蚀。离子刻蚀使用能量为 0.5~5keV 的氩离子倾斜轰击工件，将工件表面的原子逐个剥离。其实质是一种原子尺度的切削加工，所以又称离子铣削。

（2）离子溅射沉积。离子溅射沉积也是利用能量为 0.5~5keV 的氩离子，倾斜轰击某种材料制成的靶，离子将靶材原子击出，垂直沉积在靶材附近的工件上，使工件表面镀上一层薄膜。所以溅射沉积是一种镀膜工艺。

（3）离子镀。离子镀也称离子溅射辅助沉积，也是利用能量为 0.5~5keV 的氩离子，不同的是镀膜是离子束同时轰击靶材和工件表面，目的是增强膜材与工件基材之间的结合力。也可将靶材高温蒸发，同时进行离子撞击镀膜。

（4）离子注入。离子注入 5~500keV 较高能量的离子束，直接垂直轰击被加工材料，由于离子能量巨大，离子就钻进被加工材料的表面层。工件表面层含有注入离子后，化学成分就发生改变，从而改变了工件表面层的物理、化学和力学性能。

4.1.6 离子束加工的应用及范围

离子束刻蚀可用于加工空气轴承的沟槽、打孔、加工极薄材料及超高精度非球面透镜，还可用于刻蚀集成电路等高精度图形。离子镀膜一方面是把靶材射出的原子向工件表面沉积，另一方面还有高速中性粒子打击工件表面以增强镀层与基材之间的结合力（可达 10~20MPa），此法适应性强、膜层均匀致密、韧性好、沉积速度快，目前已获得广泛应用。图 4-2 为离子束加工非球面透镜原理图。

（1）高速打孔。离子束打孔已在生产中实际应用，目前最小直径可达 0.003mm 左右。例如喷气发动机套上的冷却孔，机翼上的孔，不仅孔的密度可以连续变化，孔数达数百万个，而且有时还可改变孔径。高速打孔可在工件运动中进行，例如在 0.1mm 厚的不锈钢上加工直径为 0.2mm 的孔，速度为 3000 孔/秒。在人造革、塑料上用电子束订大量微孔，可使其具有如真皮革那样的透气性。现在生产上已出现了专用塑料打孔机，将电子枪发射的片状电子束分成数百条小电子束同时打孔，其速度可达 50000 孔/秒，孔径 120~40μm 范围可调。

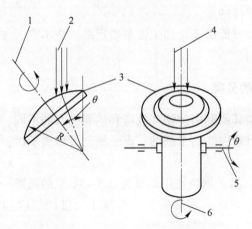

图 4-2 位离子束加工非球面透镜原理
1—回转轴；2—离子束；3—工件；4—离子束；5—摆动轴；6—回转轴

（2）加工型孔及特殊表面。图 4-3 为电子束加工的喷丝头异型孔截面。出丝口的窄缝宽度为 0.03～0.07mm，长度为 0.80 mm，喷丝板厚度 0.60mm。为了使人造纤维具有光泽、松软有弹性、透气性好，喷丝头的异型孔都是特殊形状的，图 4-4 为电子束加工的特殊表面。

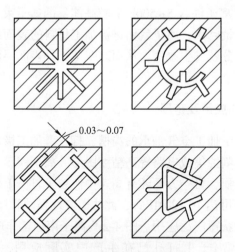

图 4-3 离子束加工的异形孔

（3）刻蚀。在微电子器件生产中，为了制造多层固体组件，可利用电子束对陶瓷或半导体材料刻出许多微细沟槽和孔，如在硅片上刻出宽 2.5μm、深 0.25μm 的细槽；在混合电路电阻的金属镀层上刻出 40μm 宽的线条。

（4）焊接。电子束焊接是利用电子束作为热源的一种焊接工艺。由于电子束的能量密度高，焊接速度快，所以电子束焊接的焊缝深而窄，热影响区小，变

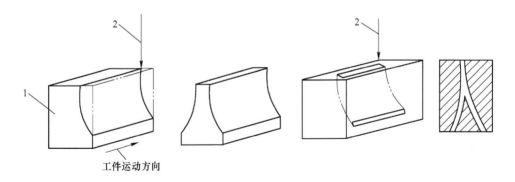

图 4-4 电子束加工的特殊表面
1—工件；2—电子束

形小。电子束焊接一般不用焊条，焊接过程在真空中进行，因此焊缝化学成分纯净，焊接接头的强度往往高于母材。电子束焊接可以焊接难熔金属如钽、铌、钼等，也可焊接钛、锆、铀等化学性能活泼的金属。它可焊接很薄工件，也可焊接几百毫米厚的工件。电子束焊接还能完成一般焊接方法难以实现的异种金属焊接，如铜和不锈钢的焊接，钢和硬质合金的焊接。

（5）光刻。电子束光刻先利用低功率的电子束照射高分子材料，由入射电子束与高分子相碰撞，经电子曝光后，在高分子材料中留下潜像，光刻加工过程如图 4-5 所示。

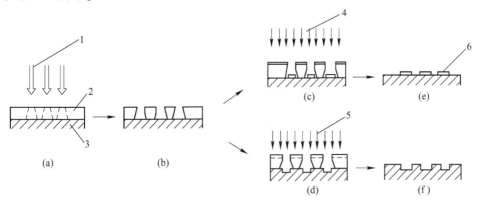

图 4-5 电子束光刻加工过程
（a）电子束曝光；（b）显影；（c）蒸镀；（d）离子刻蚀；（e）去抗蚀剂；（f）去抗蚀剂
1—电子束，2—电致抗蚀剂；3—基板；4—金属蒸汽；5—离子束；6—金属

（6）热处理。电子束热处理也是把电子束作为热源. 但适当控制电子束的功率密度. 使金属表面加热而不熔化，达到热处理的目的。电子束热处理在真空中进行，可以防止材料氧化。

4.1.7 离子束加工应用现状

4.1.7.1   现状

表面功能涂层具有高硬度、耐磨、抗蚀功能，可显著提高零件的寿命，在工业上具有广泛用途。离子束技术在欧洲已广泛应用于机械制造业，并且由于欧美国家在离子束应用方面发展较早，在技术方面领先我国不少；虽然我国也很重视离子束技术的开发和应用，研究成果很先进，也有少量应用。但由于投资力度小，一般仅能维持研究用经费，无力将科技成果推广到大规模生产中去。

美国及欧洲国家目前多数用微波 ECR 等离子体源来制备各种功能涂层。等离子体热喷涂技术已经进入工程化应用，已广泛应用在航空、航天、船舶等领域的产品关键零部件耐磨涂层、封严涂层、热障涂层和高温防护层等方面。

等离子焊接已成功应用于 18mm 铝合金的储箱焊接，配有机器人和焊缝跟踪系统的等离子体焊在空间复杂焊缝的焊接也已实用化；微束等离子体焊在精密零部件的焊接中应用广泛；我国等离子体喷涂已应用于武器装备的研制，主要用于耐磨涂层、封严涂层、热障涂层和高温防护涂层等。

真空等离子体喷涂技术和全方位离子注入技术已开始研究，与国外尚有较大差距。等离子体焊接在生产中虽有应用，但焊接质量不稳定。

4.1.7.2   发展趋势

离子束及等离子体加工技术今后应结合已取得的成果，针对需求，重点开展热障涂层及离子注入表面改性的新技术研究，同时，在已取得初步成果的基础上，进一步开展等离子体焊接技术研究。

（1）复杂零件"保形"离子注入与混合沉积技术研究，获得高密度等离子体方法研究；

（2）空间结构焊接工艺参数自适应控制及焊缝自动跟踪系统研究，以及等离子弧焊过程中变形控制技术研究；

（3）等离子喷涂陶瓷热障涂层结构、工艺及工程化研究；

（4）层流湍流自动转换技术及轴向送粉、三维喷涂技术研究；

（5）层流等离子体喷涂系统的研制及其喷涂技术的研究。

4.2   离子束装置

4.2.1   离子束装置基本结构

离子束加工装置的基本结构如图 4-6 所示，主要由电子枪、真空系统、控制系统和电源等部分组成。

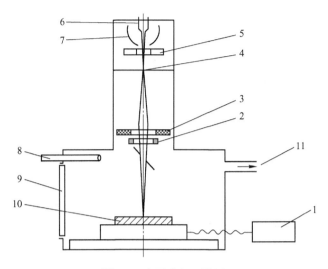

图 4-6 离子束加工装置

1—工作台系统；2—偏转线圈；3—电磁透镜；4—光阑；5—加速阳极；

6—发生电子的阴极；7—控制栅极；8—光学观察系统；

9—带窗真空室门；10—工件；11—抽真空

（1）电子枪。电子枪是获得电子束的装置，见图 4-7。阴极经电流加热发射电子，带负电荷的电子高速飞向带高电位的阳极，在飞向阳极的过程中，经过加速电极加速，又通过电磁透镜把电子束聚焦成很小的束斑。

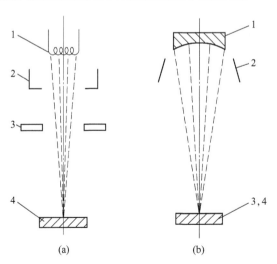

(a)　　　　　　　　　　(b)

图 4-7 电子枪

（a）丝状阴极电子枪；（b）块状阴极电子枪

1—发射电子的阴极；2—控制栅极；3—加速阳极；4—工件

（2）真空系统。只有在高真空中，电子才能高速运动，此外，加工时的金属蒸汽会影响电子发射，产生不稳定现象。因此，需要不断地把加工中生产的金属蒸汽抽出去。抽真空时，先用机械旋转泵把真空室抽至 0.14~1.4Pa，然后由油扩散泵或涡轮分子泵抽至 0.00014~0.014Pa 的高真空度。

（3）控制系统和电源。离子束加工装置的控制系统包括束流聚焦控制、束流位置控制、束流强度控制以及工作台位移控制等。工作台位移控制是为了在加工过程中控制工作台的位置。

4.2.2 离子束薄膜形成装置

利用离子效应的薄膜形成法大致可分为直接在等离子中利用离子的等离子法和向高真空间接提取离子并利用的离子引模法两种，可通过真空槽内的工作压力来区别。在那个区域真空度值为 1.33×10^{-4} ~ 1.33×10^{-3}Pa。至于等离子体，由于真空槽内气氛气体的平均自由行程比离子源和底板的间隔短，因此在产生离子的场所和进行蒸镀的固体表面之间没有明确的空间区分。

在使用离子束的方法上，与以往的真空蒸镀法和溅射法相比，不仅改善了结晶性和附着力，而且蒸镀膜密度高，杂质含量也少。另外，在低温下晶格常数差较大的材料的组合也能实现良好的结晶成长，为薄膜形成开拓了新的领域。

等离子体束溅射镀膜机主要由射频等离子体源、真空获得系统、电磁线圈（发射线圈及汇聚线圈）、偏压电源、真空室（包括靶材及基片等）、真空控制系统等部分构成。其显著特点是其中的等离子体发生控制系统，其示意图如图 4-8 所示。

等离子体发生控制系统是镀膜机中的关键部分，其中射频等离子体源位于真空室的侧面，并在等离子体源的出口处及溅射靶材的下方分别配置有一个电磁线圈。当两个线圈同向通过电流时，线圈合成的磁场将引导等离子体源中产生的电子沿磁场方向运动，从而使等离子体束被约束在磁场方向上。同时靶材加有负偏压，使溅射离子在电场的作用下加速撞击靶表面，产生溅射作用。

装置特点为：

（1）这种镀膜机具有非常灵活的控制方式，例如溅射速率可以通过调节靶材偏压和改变等离子体源的射频功率这两种途径进行调节。在溅射完成后，所得的靶材利用率可高达 90%以上。

（2）由于不用磁铁作为等离子体约束，故能够进行铁磁性材料的镀膜，并且可以使用很厚的靶材。

（3）当将电磁线圈的极性反接时，由于磁场的方向产生了变化，等离子体束会在磁场的作用下轰击基片，从而对基片产生清洗作用，如图 4-9 所示。这实际上可以使得应用该项技术的镀膜机省略常规镀膜机的清洗用离子源。

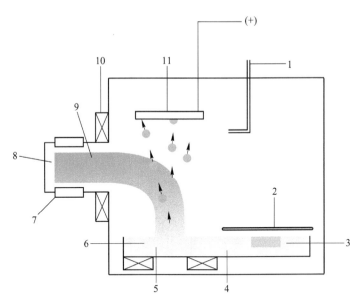

图 4-8 等离子体中的薄膜形成装置

1—活性气体输送管；2—屏幕；3—靶子；4—冷却系统；5—平台；6—靶子；
7—射频；8—氩气；9—等离子；10—电磁；11—基片

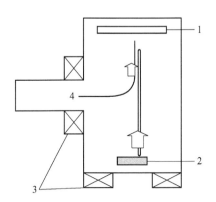

图 4-9 等离子体束的轰击作用

1—基片；2—靶心；3—电磁；4—发射器

4.2.3 离子束加工其他装置

离子束加工其他装置包括离子源、静电偏转器、扫描机构等。离子源产生离子束流，其形式多样，常有双等离子管型离子源和考夫曼型离子源。

双等离子管型离子源如图 4-10 所示。双等离子管型离子源是利用阴极和阳极之间低气压直流电弧放电，将氪或氙等惰性气体在阳极小孔上方的低真空中

（0.01~0.1Pa）等离子体化。中间电极的电位一般比阳极电位低，它和阳极都用软铁制成，因此在这两个电极之间形成很强的轴向磁场，使电弧放电局限在这中间，在阳极小孔附近产生强聚焦高密度的等离子体。引出电极将正离子导向阳极小孔以下的高真空区（$1.33 \times 10^{-6} \sim 1.33 \times 10^{-5}$ Pa），再通过静电透镜形成密度很高的离子束去轰击工件表面。

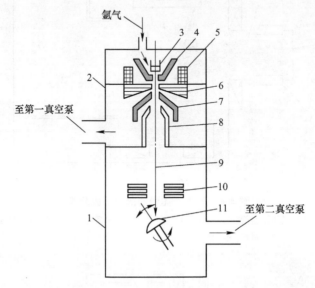

图 4-10　双等离子管型离子源

1—加工室；2—离子枪；3—阴极；4—中间电极；5—电磁铁；6—阳极；
7—控制电极；8—引出电极；9—离子束；10—静电透镜；11—工件

考夫曼型离子源如图 4-11 所示。它由灼热的灯丝 2 发射电子，在阳极 9 的作用下向下方移动，同时受线圈 4 磁场的偏转运动前进。惰性气体氩气在注入口 3 注入电离室 10，在电子的撞击下被电离成等离子体，阳极 9 和引出电极（吸极）8 上各有 300 个直径为 0.3mm 的小孔，上下位置对齐。在引出电极 8 的作用下，将离子吸出，形成 300 条准直的离子束，再向下则均匀分布在直径为 5cm 的圆面。

4.3　离子注入技术及装置

4.3.1　引言

离子注入技术提出于 20 世纪 50 年代，刚提出时是应用在原子物理和核物理研究领域。后来，随着工艺的成熟，在 1970 年左右，这种技术被引进半导体制

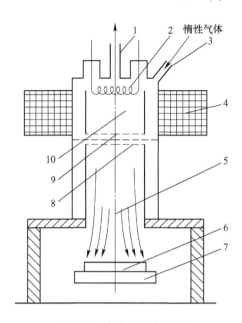

图 4-11 考夫曼型离子源

1—真空抽气口;2—灯丝;3—惰性气体注入口;4—电磁线圈;5—离子束流;
6—工件;7—阴极;8—引出电极;9—阳极;10—电离室

造行业。离子注入技术有很多传统工艺所不具备的优点，比如：加工温度低，易做浅结，大面积注入杂质仍能保证均匀，掺杂种类广泛，并且易于自动化。

离子注入技术的应用，大大地推动了半导体器件和集成电路工业的发展，从而使集成电路的生产进入了大规模及超大规模时代（ULSI）。由此看来，这种技术的重要性不言而喻。因此，了解这种技术并在半导体制造行业以及其他新兴领域进行应用是十分必要的。

离子束把固体材料的原子或分子撞出固体材料表面，这个现象叫做溅射；而当离子束射到固体材料时，从固体材料表面弹了回来，或者穿出固体材料而去，这些现象叫做散射；另外有一种现象是，离子束射到固体材料以后，离子束与材料中的原子或分子将发生一系列物理和化学相互作用，入射离子逐渐损失能量，最后停留在材料中，并引起材料表面成分、结构和性能发生变化，这一现象就叫做离子注入。离子注入可分为半导体离子注入（掺杂）、材料改性注入（金属离子注入）和新材料合成注入三种。

离子注入的特点主要如下：

（1）低温工艺；

（2）注入剂量可精确控制；

（3）注入深度可控；

（4）不受固溶度限制；

（5）半导体掺杂注入需要退火以激活杂质和消除损伤；

（6）材料改性注入可不退火引入亚稳态获得特殊性能；

（7）无公害技术；

（8）可完成各种复合掺杂。

4.3.2 离子注入技术基本原理及装置结构

4.3.2.1 离子注入技术基本原理

离子注入是对半导体进行掺杂的一种方法。它是将杂质电离成离子并聚焦成离子束，在电场中加速而获得极高的动能后，注入到硅中而实现掺杂。离子具体的注入过程是：入射离子与半导体（靶）的原子核和电子不断发生碰撞，其方向改变，能量减少，经过一段曲折路径的运动后，因动能耗尽而停止在某处。在这一过程中，涉及"离子射程"等问题。

图 4-12 是离子射入硅中路线的模型图。其中，把离子从入射点到静止点所通过的总路程称为射程；射程的平均值，记为 R，简称平均射程；射程在入射方向上的投影长度，记为 x_p，简称投影射程；投影射程的平均值，记为 R_p，简称平均投影射程。

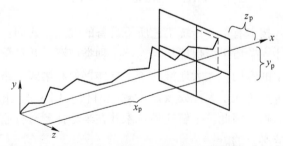

图 4-12 离子射入硅中路线的模型图

入射离子能量损失是由于离子受到核阻挡与电子阻挡。定义在位移 x 处这两种能量损失率分别为 S_n 和 S_e：

$$S_n = \frac{dE_n}{dx} \tag{4-1}$$

$$S_e = \frac{dE_e}{dx} = k_e \sqrt{E} \tag{4-2}$$

则在 dx 内总的能量损失为：

$$dE = dE_n + dE_e = (S_n + S_e)dx \tag{4-3}$$

$$R_p = \int_0^{R_p} dx = \int_{E_0}^0 \frac{dE}{dE/dx} = \int_{E_0}^0 \frac{dE}{S_n + S_e} \tag{4-4}$$

S_n 的计算比较复杂, 而且无法得到解析形式的结果。图 4-13 是数值计算得到的曲线形式的结果, 图中, $E = E_2$ 时, $S_n = S_e$。S_e 的计算较简单, 离子受电子的阻力正比于离子的速度。

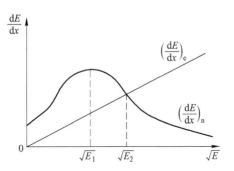

图 4-13   数值计算得到的曲线

当入射离子的初始能量 E_0 小于 E_2 所对应的能量值时, $S_n > S_e$, 以核阻挡为主, 此时散射角较大, 离子运动方向发生较大偏折, 射程分布较为分散。如图 4-14 所示。

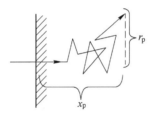

图 4-14 $S_n > S_e$ 时离子路径

当 E_0 远大于 E_2 所对应的能量值时, $S_n < S_e$, 以电子阻挡为主, 此时散射角较小, 离子近似作直线运动, 射程分布较集中。随着离子能量的降低, 逐渐过渡到以核阻挡为主, 离子射程的末端部分又变成为折线。如图 4-15 所示。

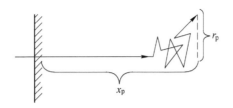

图 4-15 $S_n < S_e$ 时离子路径

4.3.2.2   离子注入机基本结构

离子注入机总体上分为七个主要的部分, 具体见表 4-1, 图 4-16 为离子注入系统示意图。

表 4-1　离子注入机主要部分

名　称	功　能
离子源	用于离化杂质的容器。常用的杂质源气体有 BF_3、AsH_3 和 PH_3 等
质量分析器	不同离子具有不同的电荷质量比，因而在分析器磁场中偏转的角度不同，由此可分离出所需的杂质离子，且离子束很纯
加速器	为高压静电场，用来对离子束加速。该加速能量是决定离子注入深度的一个重要参量
中性束偏移器	利用偏移电极和偏移角度分离中性原子
聚焦系统	用来将加速后的离子聚集成直径为数毫米的离子束
偏转扫描系统	用来实现离子束 x、y 方向的一定面积内进行扫描
工作室	放置样品的地方，其位置可调

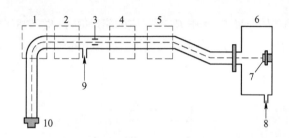

图 4-16　离子注入系统示意图

1—质量分析器；2—加速系统；3—中性束偏移器；4—聚焦系统；5—偏转扫描系统；
6—工作室；7—硅片；8，9—抽真空；10—离子源

A　离子源

根据离子源的类型分类，可以将其分为两类：等离子体型离子源、液态金属离子源（LMIS）。

其中，掩模方式需要大面积平行离子束源，故一般采用等离子体型离子源，其典型的有效源尺寸为 $100\mu m$，亮度为 $10\sim100A/(cm^2 \cdot sr)$。而聚焦方式则需要高亮度小束斑离子源，当液态金属离子源（LMIS）出现后才得以顺利发展。LMIS 的典型有效源尺寸为 $5\sim500nm$，亮度为 $10^6\sim10^7A/(cm^2 \cdot sr)$。

液态金属离子源是近几年发展起来的一种高亮度小束斑的离子源，其离子束经离子光学系统聚焦后，可形成纳米量级的小束斑离子束，从而使得聚焦离子束技术得以实现。此技术可应用于离子注入、离子束曝光、刻蚀等，其工作原理如图 4-17 所示。

E_1 是主高压，即离子束的加速电压；E_2 是针尖与引出极之间的电压，用以

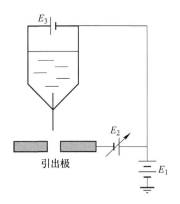

图 4-17 液态金属离子源工作示意图

调节针尖表面液态金属的形状，并将离子引出；E_3 是加热器电源。针尖的曲率半径为 $r_o = 1 \sim 5\ \mu m$，改变 E_2 可以调节针尖与引出极之间的电场，使液态金属在针尖处形成一个圆锥，此圆锥顶的曲率半径为 10nm 的数量级，这就是 LMIS 能产生小束斑离子束的关键。

当 E_2 增大到使电场超过液态金属的场蒸发值（Ga 的场蒸发值为 15.2V/nm）时，液态金属在圆锥顶处产生场蒸发与场电离，发射金属离子与电子。其中电子被引出极排斥，而金属离子则被引出极拉出，形成离子束。若改变 E_2 的极性，则可排斥离子而拉出电子，使这种源改变成电子束源。

B　质量分析系统

质量分析系统分为两种，分别是 $E \times B$ 质量分析器和磁质量分析器。$E \times B$ 质量分析器（见图 4-18），由一套静电偏转器和一套磁偏转器组成，E 与 B 的方向相互垂直。图中 E 为离子能量，B 为磁场强度，D 为光栅半径，D_b 为光阑半径，V_f 为电压，F_e 为电场力，F_m 为磁场力。

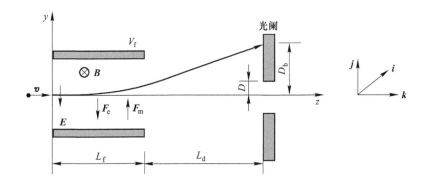

图 4-18　$E \times B$ 质量分析器原理图

根据推算，可知 D_b：

$$D_b = \frac{1}{2} \cdot \frac{V_f L_f}{V_a d}\left(L_d + \frac{L_f}{2}\right) \cdot \left(\sqrt{\frac{q_s}{q_0}} - 1\right) = G\left(\sqrt{\frac{e_s}{e_0}} - 1\right) \tag{4-5}$$

式中　L_f——磁场长度；

L_d——射出长度；

V_a——加速电压；

d——加速电场基板间距；

q_s——荷质比；

q_0——初始荷质比；

e_s——射出电荷；

e_0——初始电荷。

（1）为屏蔽荷质比为 q_s 的离子，光阑半径 D 必须满足：

$$D < \left| G\left(\sqrt{\frac{q_s}{q_0}} - 1\right) \right| \tag{4-6}$$

（2）若 D 固定，则具有下列荷质比的离子可被屏蔽：

$$q_s > q_0\left(1 + \frac{D}{G}\right)^2 \quad \text{或} \quad q_s < q_0\left(1 - \frac{D}{G}\right)^2 \tag{4-7}$$

而满足下列荷质比的离子均可通过光阑：

$$q_0\left(1 - \frac{D}{G}\right)^2 < q_s < q_0\left(1 + \frac{D}{G}\right)^2 \tag{4-8}$$

以上各式可用于评价 $E \times B$ 质量分析器的分辨能力。

4.3.3　离子注入技术优缺点及应用

4.3.3.1　离子注入技术和扩散工艺比较

图 4-19 为离子注入和扩散工艺的比较，比较结果见表 4-2。

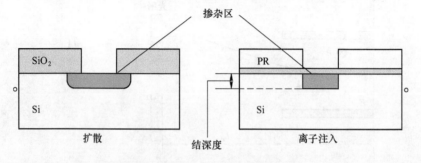

图 4-19　离子注入和扩散工艺的比较

表 4-2 离子注入和扩散工艺的比较

条　件	扩　散	离子注入
工作温度	高温，硬掩膜，900~1200℃	低温，光刻胶掩膜，室温或低于400℃
各向同/异性	各向同性	各向异性
可控性	不能独立控制结深和浓度	可以独立控制结深和浓度

4.3.3.2 离子注入技术优缺点

离子注入技术的优点有：

（1）可控性好，离子注入能精确控制掺杂的浓度分布和掺杂深度，因而适于制作极低的浓度和很浅的结深；

（2）可以获得任意的掺杂浓度分布；

（3）注入温度低，一般不超过 650℃ 左右，避免了高温过程带来的不利影响，如结的推移、热缺陷、硅片的变形等；

（4）结面比较平坦；

（5）工艺灵活，可以穿透表面薄膜注入到下面的衬底中，也可以采用多种材料作掩蔽膜，如 SiO_2、金属膜或光刻胶等；

（6）均匀性和重复性好；

（7）横向扩展小，有利于提高集成电路的集成度、提高器件和集成电路的工作频率；

（8）可以用电的方法来控制离子束，因而易于实现自动控制，同时也易于实现无掩膜的聚焦离子束技术；

（9）扩大了杂质的选择范围；

（10）离子注入中通过质量分析器选出单一的杂质离子，保证了掺杂的纯度。

离子注入技术的缺点有：

（1）离子注入将在靶中产生大量晶格缺陷；

（2）离子注入难以获得很深的结深；

（3）离子注入的生产效率比扩散工艺低；

（4）离子注入系统复杂昂贵。

4.4 特殊形状加工

4.4.1 光滑平面的加工

现有的无氧铜、合金铝等软质金属材料的超精密平面加工对超精密切削用的钻石、硅、玻璃等硬材料要求很高，对于超精密平面加工磨削和抛光也同样使用。但是最近，针对硬脆材料，正在努力通过超精密钻石切削或超精密磨削来获得超精密平面。另外，还尝试使用超精密磨削和离子束加工来加工附加值高的非球面透镜。上述散装材料的加工是超精密钻石切削、超精密研削和超精密研磨适用的，但薄膜和多层膜或固体电子元件等的平滑化、平坦化，采用离子束是有效的方法。另外，离子束加工中的惰性气体使用反应气体而不是反应气体的反应离子加工或向工件表面喷射反应性气体，超精密平面加工技术的发展成为可能。

离子束加工的特点是利用具有高能的离子，从加工物的表面通过弹性碰撞将其构成原子一个一个地向外敲击。因此，本加工法特别适用于数皮米以下的超精密平面加工、薄膜的平滑化和形状的超精细加工或钻石等硬脆材料的加工。

（1）涂膜的平面平滑化。由于 VLSI（very large scale integration）等固体电子元件的表面具有复杂的断差形状，如果原样保留，不仅不可能在其上形成精细的图案，还会引起各种问题。因此，有涂布法、SOG（spin on glass）、选择增长法、通过包片法、层状均匀堆放法和管道灌注法等方法，逐渐实现了该部分的平坦化、平滑化。选择使光刻胶和聚酰亚胺等有机膜的离子束加工速度与基板（被平滑面）的离子束加工速度相等的离子入射角是非常重要的。这种方法还可用于机械研磨，但难以实现大面积的 CVD 金刚石薄膜的平滑化和平坦化。

（2）X 射线反射镜是指用多层膜离子束的平滑化。通过电子束蒸镀等方式制作多层膜时，随着膜层数的增加，相互扩散层的厚度和层界面的粗糙度等也随之增大。于是，每一层膜，每堆叠几层，就会产生 100～300eV 的 Ar 离子从表面擦过（表面和离子束的形成角为 10° 左右，通过照射板边旋转边加工），使多层膜的层间平滑化，制作出了对软射线具有普通 2 倍的反射率 6nm 周期的 X 射线反射镜用RhRu-c 被制备多层膜。在这种情况下，表面凹凸的凸部分的原子间的结合能力比粗糙的部分弱，所以平滑表面入射到门柱上，使表面的凸的部分与凹的部分相比，很容易使被加工层表面的平滑化成为可能。当然，凹的部分被凸的部分遮挡，凸的部分比凹的部分更容易加工也是表面平滑化的原因之一。另外，此时的离子束的能量，考虑到离子几乎平行入射到膜的表面，虽然足以使表面的原子横向移动，但重要的是能量应低到不使其在垂直于表面的方向上发生位移的程度。

（3）平整度修正。超精密研削和超精密研磨创建平面时，由于存在标准，因此比较容易创建具有高平面度的平面，但是在离子束加工中，由于没有标准平面，因此不可以创建具有平面度的平面。但是，可以利用离子束加工进行工件平面度的修正或平面的创建。也就是说，如果事先通过实验等求出加工物的离子束加工速度，进一步根据阿曼德·斐索干涉法等测量出与加工物的平面的偏差，就可以预先对平面各加工平滑度进行计算。因此可以一边调整各加工点的加工时间（离子束的停留时间），一边扫描离子束，从而修正平面。该方法可适用于材料价格高的零件或附加值高的底板等平面的修正加工或平面的制作。

（4）块规尺寸调整加工。在多晶材料的离子束加工中，即使该材料经过充分的镜面加工，如果在离子入射角固定的条件下进行加工，加工物的表面反而会变得粗糙。这是因为构成材料的微小结晶粒的结晶方位不规则，以及各种种类的结晶粒混杂在一起，导致各自的加工速度不同。

在上述考虑的基础上，为了对 $0.1\mu m$ 左右的微小尺寸进行修正加工的钢制块规的最终完成，采用了使用 Ar 离子的离子束加工。即采用对镜面加工后的加工物同时施加旋转和摇摆，对各结构结晶粒施加均等的离子入射角的方法，成功地将最终加工表面尺寸保持在 $R_{max}=0.02\mu m$。另外，在超硬合金规格中，$1\mu m$ 左右的微小尺寸修正加工也采用了离子束加工。通过与上述方法相同的方法，将最终加工表面保持在 $R_{max}=0.034m$ 以下，成功地进行了加工。另外，通过使放置工件的加工台不接地而漂浮，使用实质上降低离子能量的漂浮法，从而获得了良好的工件外观。

4.4.2　非球面透镜加工

非球面透镜的加工，通过考虑离子束的电流密度分布，控制样品的旋转和摇摆，从而控制加工量。虽然通过这种方法可以制造出比球面差数微米的非球面，但在经济和技术方面还存在许多问题。但是，在加工本身非常少或透镜本身非常小的情况下，采用离子束加工的非球面透镜的制作也有可能。另外，大型光学部件的加工已经开始使用离子束加工法。

4.4.3　微波限幅器加工

微波限幅器加工的优点为即使样品的旋转精度较差，也可通过离子束加工提高样品的真圆度。另外，由于离子束加工在加工过程中不加入试剂，因此对直径为 $1\mu m$ 左右的棒材的旋削也有效。

4.4.4　刀尖及针尖加工

刀尖及针尖加工用于超精密切削或粗糙度测量的金刚石与用于研磨的金刚石粉和铁研磨板，它是通过机械抛光来完成的。但是，金刚石工具刀片后的圆半径和顶角，或者金刚石触针的顶角和尖端半径太小，仅靠机械研磨就越难以对其进行加工。与此相对，离子束加工在金刚石工具等超硬材料的超精密加工和超精细加工方面尤为适用。

（1）微粒压缩机再研磨抛光。通过让 Ar 离子从上方进入前端磨损的微活塞压力机，可以对其前端进行再研磨，使其再次变得尖锐。这是因为在压缩机前端顶端的离子入射角为 0°，在压缩机侧面的离子入射角为 45°左右，侧面的加工速度比顶点快得多，因此侧面被快速加工，前端变得尖锐。

（2）金刚石刀具的锐化。利用带有两个二次电子检测器的 SEM 进行的测定，单晶体钻石导管的切削刃圆半径理论上可达到 2nm 左右，但其锐利度仅为 70nm 左右。通过这种加工，不仅可以得到锐利的刀片，还可以改善切削刃和侧面的表面性质，去除刀片后存在的微晶片（5~10nm），改善切削刃脊的线性度。

（3）金刚石刀的成型。加工金刚石刀这种顶角在 50° 以下的刀时，使用约 1keV 能量的 Ar 离子进行加工时，尖端部分被称为化圆面，形成离子束加工后的尖端部分的顶角大约为 50°~80°，没能形成钻石刀。但是，本书提出了一种利用能量为 20keV 左右的 Ar 离子来防止钻石刀的前端部分形成小面的方法，通过将离子束照射在刀刃上，其顶角为 50° 以下的钻石刀的尖端半径可以尖锐化到 20nm 左右。

（4）扫描隧道显微镜（STM）探针的加工。STM 的探针采用钨和白金等细线机械研磨或电解研磨，其尖端半径为 0.14m 左右。此外，有时还会使用电场离子发射等方法。离子束加工可以有效地用于锐化探针尖端，去除探针表面的斜纹化物和污染层。

可以采用一个简单的钻石探测仪作为 STM 的探针使用。通过机械研磨将尖端半径为 5μm 的触针，通过离子注射加工使前端半径达到 100nm 左右。用这种方法制成的探针尖端都很锐利。使用这种钻石探针还可以得到石墨的原子像。金刚石原本是绝缘物，但石墨（HOPG）得到的是形象的，可以认为是由于离子束照射使金刚石表面石墨化，金刚石探针的导电性增加。另外，钻石探针在耐腐蚀性化学溶液中都能使用，所以电阻也很高，因此除了可以用于在试料表面上绘制超微细图案的超微细加工外，还可以用于极微小晶种等。

5 其他粒子束加工方法

5.1 高速原子束加工

高速原子束被定义为由不带电荷（电中性）的原子、分子单位的粒子构成的能量束。高速原子束使用刻蚀法来形成薄膜，不受试剂的表面电位的影响，在期望的原子束能量和方向的情况下，能够可控性地进行各种工艺，也可以容易地应用于绝缘性的试剂，而且造成带电粒子损伤的可能性很小。本节将介绍高速原子束生成的理论研究和在实际应用中的高速原子射线源的重要意义，对 SiO_2、GaAs 等绝缘性底板的精细加工和固体润滑膜溅射蒸镀等方面的应用进行阐述。

5.1.1 高速原子束生成的理论研究

为了得到能量在数十伏以上的高速原子束，最简单的方法是先将其作为离子取出并加速，然后通过电子中和或与中性的气体原子碰撞，离子与原子或分子碰撞引起的电荷交换，离子与固体壁碰撞时的电荷交换，完成离子和电子的再结合，进而获得高速原子束。

原子束产生的最基本方法是在真空系统中原子束源的热蒸发。常用的原子束源是一种热扩散式束源，它由加热炉与准直孔组成，把研究的材料放在坩埚内，加热蒸发，使其在炉内形成原子蒸气，经准直孔后形成原子束流，喷入到高真空的主室内。由于炉内形成的原子束蒸气压强较低，温度也不是很高，因而可把他们视为理想气体，在一定温度下，放入炉内的材料一边蒸发形成蒸气，同时又有蒸气从炉边的小孔喷出。由于小孔面积远小于炉的表面积，可近似认为炉内气体始终处于热平衡状态。也就是说，即使有蒸气离开炉，也不影响炉内气体的平衡态。原子束的准直，一般采用激光驻波场对原子束进行横向冷却。由于驻波场在空间的光强呈不均匀分布，所以其中的原子除了受自发辐射力外，还有偶极力的作用参与。原子光刻技术涉及的冷却机制主要有亚反冲冷却和偏振梯度冷却两种。

5.1.2 高能束流

高能束流加工技术是当今制造技术发展的前沿，具有常规加工方法无可比拟的优点：

（1）能量密度极高，可以实现厚板的深穿透加工、焊接和切割，一次可焊透 300mm 厚的钢板；

（2）可聚焦成极细的束流，达到微米级的焦点，用于制造微孔结构和精密刻蚀；

（3）可超高速扫描（速度达 900m/s），实现超高速加热和超高速冷却（冷却速度达 104℃/s），可以进行材料表面改性和非晶态化，实现新型超细、超薄、超纯材料的合成和金属基复合材料的制备；

（4）能量密度可在很大范围内进行调节，束流受控偏转柔性好，可进行全方位加工；

（5）适合于金属、非金属材料加工，可实现高质量、高精度、高效率和高经济性加工。

5.1.3　离子与固体壁碰撞时的电荷交换

离子与固体壁碰撞时的中和率用下式表示：

$$R_{os} = 1 - \exp(-\nu_e/v_1) \tag{5-1}$$

式中　R_{os}——离子生存概率；

　　　ν_e——离子和表面的组合常数；

　　　v_1——离子速度相对于表面的垂直分量。

式（5-1）中，可认为 $R_{os}=1$。

5.1.4　离子和电子的再结合

将离子束射向低能量的电子云，通过光再生和辐射碰撞再生使离子中性化。离子和电子碰撞产生自由基，再次与电子碰撞时由于电荷转移，以及离子与固体壁的碰撞，其中性化效率非常高。但其缺点是，离子与固体壁碰撞时，固体壁物质会被溅射，离子与固体壁以深角度入射的配合会产生能量损失，光束方向也难以统一。

5.1.5　高速原子束源示例

离子面被用作高速原子束源，该离子面在中央设置阳极，在阳极的两端设置阴极，从而产生振动，有效地进行离子抛射。考虑到电极的耐热性，所以电极全部用石墨制成。在线源中引入 0.1Pa 的 Ar 气体，在 2 个框状的阳极上施加 1~3kV 的直流正电压时，因阳极和阴极所加高压而发生辉光放电。电子以阳极为中心反复进行被称为"巴尔克-豪森-库尔茨振动"的高频振动，其间与许多 Ar 原子发生碰撞，产生大量的 Ar 离子。所做的束源内气体压力在 0.1Pa 到数帕的范围内能够稳定放电。通过理论计算和刻蚀速度可以估算出从激发源释放出的包括离子在内的所有粒子个数与高速原子个数的比率（中性化率），在阴极附近，低速电子数比离子数多很多的情况下不能忽视。另外，还没有考虑到离子与中性粒子碰撞而形成高速原子的情况。

5.1.6 高速原子束精细加工

5.1.6.1 SiO₂ 基板的微细加工

在高速原子束源导入 CF_4+O_2 混合气体，通过反应性高速原子束进行 Si、SiO₂ 的刻蚀。下面对刻蚀速度、刻蚀面粗糙度等以及在 SiO₂ 基板上的微细图案形成方法进行介绍。

在完全去除光束中的离子的情况下，刻蚀速度增大 10%~20%。据推测，这是由于光束中存在附着在硅表面的 C^+、CF^+，即妨碍刻蚀的含碳元素的带电粒子成分，这些带电粒子被偏转透镜从光束中移除。另外，Si 和 SiO₂ 均在流量比 0.76 附近得到最大的刻蚀速度。流速比存在最优值的原因是：

（1）在不供应 O_2 时，C 成分会在硅晶圆表面堆积，阻碍 Si 与 F 的反应；

（2）由于 O_2 的流量增加后，F 的绝对供应量减少。

另外，利用与本实验条件类似的放电条件的 Ar 光束进行刻蚀时的刻蚀速度为 3~4nm/min，与本实验的 Si 的刻蚀速度基本相同。Si 和 SiO₂ 的刻蚀速度之比（选择比）随着放电电流的增加而增加，放电电流为 160mA 时刻蚀速度之比为 5 左右。实验所使用的电源容量为 1kW，最大电流为 20mA，通过增大电源容量可以获得更大的选择比，以溶石英基板表面的 40nm 厚度的 Cr 图案为掩蔽，试图在基板表面形成微细图案。在通过光束放电口之后偏向电极，比较了光束中含有离子成分（荷电成分）的情况和不含离子成分的情况。两者的刻蚀形状几乎没有差别。放电电压越高，Cr 屏蔽的后退越大，并且侧壁的倾斜越大。放电电压为 1.2kV 时，Cr 掩膜几乎没有后退，侧壁也几乎是垂直的，可以实现高精度模式。另外，侧壁如实地转印了 Cr 掩膜图案的边缘形状，表明本刻蚀法在 0.05μm 以下的分辨率下能够很好地转印。

5.1.6.2 GaAs 基板的刻蚀特性

为了形成光电子集成电路所需的微激光器等端面反射镜，研究了一种利用氯气的反应性高速原子束刻蚀技术，该技术的目标是解理面和无颜色刻蚀镜。作为高速原子束面，采用了使用掺杂阳极和磁场的大容量高速原子束源。垂直侧壁形状，阐述了加工表面的损伤和污染的有无。结果表明，特别是用氯高速原子束刻蚀时，损伤程度与湿式刻蚀时相近，最大速度为 0.74m/min。因为随着基板温度的增加，基板表面上自由基的吸附概率和反应速度增加，或者促进了抑制性反应生成物的脱离。当使用抗蚀剂氧化铝作为掩膜材料。与此相对氯气压力降低，在低失真的情况下，刻蚀的物理作用变大，材料被刻蚀；当氯气比这个高时，是化学反应引起的侧刻蚀。

5.1.7 原子束光刻

对于原子光学中的原子束光刻技术主要有两种方法，分别是激光驻波原子直沉技术和亚稳态中性原子光刻技术。激光驻波原子直沉技术可以实现图案的纳米尺度、大面积平行沉积和高分辨率，而稳态中性原子光刻技术可以实现纳米图形的制造，它的分辨率可达 40nm。中性原子光刻主要是利用中性原子束在材料表面上制造特定的结构图形，这一技术具有如下优点：原子源装置结构简单，价格低廉；中性原子的粒子动能低，小于 1eV，对表面损伤极小；中性原子的运动轨迹不受均匀电场和磁场的影响，介于中性原子之间的长程粒子间相互作用力非常小，没有库仑排斥力引起的分辨率限制；中性原子束还具有电子束和光子束所不具有的跃迁态，原子具有可用的激光调谐的中间态结构，这使得原子操控成为可能，可通过激光冷却来增强原子束通量和校准。激光驻波原子聚焦的简易装置图见图 5-1。

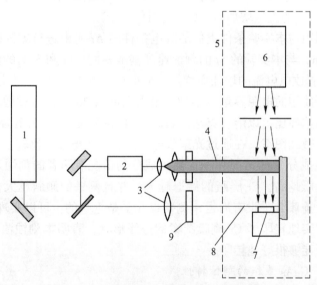

图 5-1 激光驻波原子聚焦的简易装置图
1—激光；2—AOM 声光调制器；3—透镜；4—光学准直；5—真空室；
6—原子源；7—基板；8—驻波；9—偏振光学

使用抗蚀剂的原子光刻技术，在这个过程中，基板表面被均匀覆盖一层抗蚀剂后经中性原子束曝光，然后通过化学刻蚀技术穿透损坏的抗蚀剂把图案转移到基板表面上，降低基板损坏的程度和排除了限制分辨率的衍射和空间电荷效应等因素。化学方法曝光抗蚀剂可由化学活性高的中性原子来实现。碱金属原子不但化学性质非常活泼，而且可以非常容易对其使用激光操纵技术，所以碱金属原子是非常理想的化学方法曝光抗蚀剂的原子源，如 Li、Na、K、Rb 和 Cs 等。其主要物理过程是用原子束对单分子层曝光，使得在曝光区域的化学性质发生改变，继而通过湿法化学刻蚀转移到基板上获得图案。无论在原子直沉技术还是在中性原子光刻技术中，即使原子光学方法能把原子束聚焦到无限窄的点上，特征尺寸的大小仍强烈依赖于在原子和表面碰撞期间和碰撞后表现的性质。

5.2 静电加速粒子束加工

为了在固体微粒子与材料表面的高速碰撞下，产生高功率密度的能量供给及其准绝热的耗散过程。例如，根据准静态弹性塑性理论推测，0.1m 的钨粒子以速度 500m/s 撞击硅表面时，相互作用时间为 10^{-10} s，平均形变速度为 10^8 s^{-1}，界面上的平均功率密度为 10^{12} W/m^2。因此，在微小的碰撞界面和受冲击部件内，除了机械变形和破坏外，还会发生与碰撞条件相适应的各种物理和化学现象（熔化、蒸发、等离子辐射、物质扩散、化学反应等）。现在，微粒（微细工具）的高速斜冲导致的材料表面加工，考虑在微应力能场的基础上再发生反应受到制约，其中材料去除机构与宏观工具在不同的情况下工作时，可进行加工形变层小高度的加工。

亚微米直径以下的高真空中带电粒子，使电子和离子以同样的加速原理（静电加速法）高速化，在半导体材料等的表面上形成束状，这可基于表面加工技术进行解释。首先介绍微粒子加速的基本原理，以及微粒子带电、加速、聚焦控制技术；另外，介绍微粒子束向硅表面倾斜碰撞时的加工现象和加工面评价结果。作为小物体超高速化的手段，有静电加速法、火药爆压、压缩气体驱动法等。其中的静电加速法由于装置技术方便，能够在高真空中连续供给粒子并控制动能，具有越细越高等优点，作为微粒子加速手段非常有用。

通过静电加速引起的带电微粒子的到达速度，根据能量的一般关系计算如下：

$$v = \left(2\frac{q}{m}V_a\right)^{1/2} = \left(6\varepsilon_0 \frac{E_a}{r\rho}V_a\right)^{1/2} \tag{5-2}$$

式中　　m——质量，kg；

　　　　r——半径，m；

　　　　ρ——密度，kg/m^3；

　　　　q——带电量，C；

E_a——带电电荷表面电场强度，V/m；

V_a——加速电压，V；

ε_0——真空导电率，F/m。

　　要实现实验室规模的加速电压下的超高速，就需要低密度、微细直径的粒子的使用及其高带电化。

　　在高真空中的微粒子的高带电法有从微粒子发出电场电子辐射的方式和对微粒子照射加速离子的方式，这里采用了前一种方式。具体来说，就是将微粒子作用于施加正极性直流高电压的带电电极，通过与电极表面接触而产生电子传导（接触带电），或者在电极附近产生电子辐射（电场辐射带电），使微粒子带正极性。基于接触带电机构的带电量，可在由球状导电性微粒（半径 r）带电电极（半径 R 和带电电压 V_c）构成的带电系统模型上应用电成像法进行理论分析。假设应满足接触的两个球上的等电位性的假想电荷，则可以求出微粒子上的电荷的总量。如下式：

$$q = 4\pi\varepsilon_0 \frac{Rr^2}{(R+r)^2} V_c \sum_{k=1}^{\infty} \frac{1}{K\left(K - \dfrac{r}{R+r}\right)} \tag{5-3}$$

　　式（5-3）可改写为微细粒子及带电电极的表面电场强度之比

$$E_a(= q/4\pi\varepsilon_0 r^2)/E_c(= V_c/R) \tag{5-4}$$

　　表面强度比 E_a/E_c 值随着半径比的减小而逐渐增加如下，在 $r \ll R$ 的情况下，则：

$$\frac{E_a}{E_c} \simeq \sum_{k=1}^{\infty} \frac{1}{k^2} \simeq \frac{\pi^2}{6} \tag{5-5}$$

上式近似后，与粒子直径无关，可视为恒定，因此，提高微粒子的速度所必需的带电条件是，必须在带电电极表面形成强电场，并在其表面附近带电。另外，作为带电极性，正极性中有电场离子蒸发（$E \approx 10^{10}$ V/m）规定的带电极限，负极性中有电子辐射（$E \approx 10^9$ V/m）规定的带电极限，最好是不易发生电荷缓和的正极性带电。

5.3　电液束加工

　　电液束加工是一种前景广泛的微细特种加工方法，它是利用喷嘴喷出带电的电解液进行加工的一种微细电解加工方法，其加工性能高，加工效果及稳定性好，且能对超硬材料进行加工。

5.3.1　电液束加工的原理

　　电液束加工的原理是被加工工件接阳极，喷嘴部分接阴极，电解液流经喷嘴

"阴极化"后，高速射向工件，工件发生化学溶解，从而实现加工。加工原理见图 5-2。

电液束加工时，金属工件接阳极，玻璃管电极接阴极。在阴、阳极间施加直流电压，酸性溶液通过玻璃管形成持续液束流射向被加工部位，通过电场的作用，对阳极工件进行"溶解"加工。电液束加工的准深微孔见图 5-3。

电液束加工是一种非接触加工工艺，且玻璃管喷嘴是绝缘体，所以通常采用辅助电极进行对接。电液束加工技术具有工具阴极无损耗、无宏观切削力等优点，适宜加工各种难切削材料及薄壁类零件。电液束加工设备主要由机床主机、加工电源、输液系统、酸液处理、控制系统、监控系统、测量系统组成。

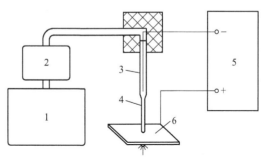

图 5-2 电液束加工原理图
1—溶液箱；2—过滤器；3—金属电极；
4—玻璃管；5—直流电源；6—工件

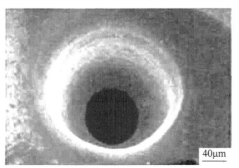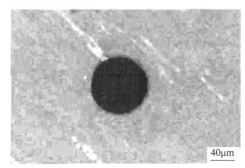

图 5-3 电液束加工的准深微孔

5.3.2 电液束加工技术应用

电液束加工技术可对小孔进行冷加工，获得无再铸层、微裂纹及热影响区的高表面质量小孔。采用电液束技术加工具有内部空腔结构的工件（例如航空发动机工作叶片）的小孔时，从工艺上要求在小孔加工穿透时，应及时发信息至控制系统，控制系统发出换位加工指令，否则会因加工的持续造成孔出口对面的损伤。在加工过程中是可以采用自动监控技术对加工过程进行观察的。

电液加工技术在高压涡轮导向叶片气膜孔中也有应用，可形成孔径 0.8～6.0mm，深径比达 300：1 的深孔加工，可应用于发动机热锻部件中承受高疲劳载荷的叶片孔加工，也可应用于航天、兵器及国防其他工业中。

6 化学刻蚀法基础

6.1 化学刻蚀的定义和加工原理

6.1.1 刻蚀定义

刻蚀通常包括通过化学反应或电化学反应去除材料表面的方法，在液相中进行的是湿刻蚀，而在气相中进行的是干刻蚀。刻蚀是指用化学或物理方法有选择地从硅片表面去除不需要的材料的过程。刻蚀的基本目的，是在涂胶（或有掩膜）的硅片上正确地复制出掩膜图形。

刻蚀通常是在光刻工艺之后进行。在光刻工艺之后，通常通过刻蚀，将想要的图形留在硅片上。在通常的刻蚀过程中，有图形的光刻胶层（或掩膜层）将不受到腐蚀源显著的侵蚀或刻蚀，可作为掩蔽膜，保护硅片上的部分特殊区域；而未被光刻胶保护的区域，则被选择性地刻蚀掉。目前，刻蚀技术被定义为"能够再现某种图案的溶出"或"具有特定目的的溶出"。

光刻是微细加工的主流，它与"能够再现某种图案的溶出"的定义非常吻合，但"具有特定目的的溶出"这一定义中包含的领域也非常广泛。

6.1.2 化学切削

化学切削也称为化学铣削。20世纪50年代时，美国北美航空公司在生产铝材飞机结构部件时遇到一个技术难题：为了使飞机的机身外板和机翼外板部分能够进行焊接，需要保留板的边缘厚度，并将其他部分全部切掉，但采用机械加工的方法很难实现这种在短时间内进行大面积材料切除的目的。其采用了一种与机械加工完全不同的方法，即将铝溶解在碱性溶液的化学方法，成功地解决了该技术难题。此后，该方法也被应用于其他零部件的成型，并取得了显著成果，这些方法统称为化学铣削。

根据实施刻蚀部分及其形状的不同，化学铣削方法也不同，如图6-1所示。

全面铣削是将整体尺寸均匀减小的刻蚀，是经常应用于锻造和铸造产品的一种简单技术。

部分铣削是在材料表面生成具有所需形状的耐刻蚀性涂膜（掩蔽体）图案，然后通过化学刻蚀仅除去材料暴露表面的方法。如果使用光刻机和照相技术来形

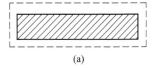 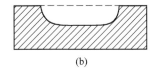 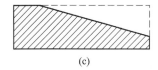

(a) (b) (c)

图 6-1 化学铣削形式

(a) 全面铣削；(b) 部分铣削；(c) 锥形铣削

（虚线表示加工前，实线表示加工后）

成耐刻蚀涂膜图案，则该过程与光刻工艺相同，但是在化学铣削中，还可以通过多种方法来形成耐刻蚀（掩膜）涂膜图案。锥形是在材料表面生成具有锥形图案的铣削。

化学铣削中最常用的掩膜方法是剥离法，这种方法是在材料的整个表面上形成的一个镀膜，然后将模具板（挖出所需形状的薄板）紧贴在镀膜上，再用锋利的刀具沿着挖开形状的边界线切割（刻划）镀膜，将待加工部件中的镀膜剥落，以形成裸露的表面。该掩蔽方法可以容易地进行部分处理，被认为是一种分段加工。分段加工过程如图 6-2 所示，当某一部分刻蚀到预定深度时，将材料从刻蚀溶液中取出，并剥离其他部分的镀膜以进一步刻蚀，通过重复操作完成刻蚀加工。

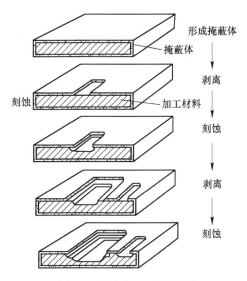

图 6-2 分段加工过程示例

可以通过以较高的速率将材料逐渐浸入刻蚀溶液中或将其从溶液中拉出来进行锥化。通过保持速度恒定可以获得线性锥度，通过其他各方式改变速度就能容易地加工各种形状的弯曲锥度。

6.1.3　表面刻蚀

表面刻蚀主要指去除表面不需要的材料的过程，主要用于半导体工艺中。化学研磨和电解研磨是在材料表面的微小凹凸中，通过化学或电化学选择凸出部分进行溶解，因用于表面平滑的加工，所以可以称为以使表面平滑化为目的的刻蚀。

从这个意义上来说，化学研磨和电解研磨都是刻蚀技术。虽然可以看作技术的同一个领域，但是刻蚀这个词，即使在定义为具有某种目的情况下，一般用于在表面上通过凹凸形成某种图案或形成某种形状的技术，所以化学研磨和电解研磨通常不纳入刻蚀技术中。

在刻蚀技术中，有些是将刻蚀作用用于表面粗化。将塑料材料的金属镀层在铬酸、硫酸的混液中浸渍，使表面粗化、无电解镀等以提高黏附性。表面刻蚀作为涂装的基础处理，从其目的是提高与涂膜的贴近性这一观点来看，与印刷用铝板原理相同。

胶印用铝板需要图像部与感光材料的贴近性和非图像部的保全性，为了满足这两个要求，需进行表面粗化。这需要进行各种化学刻蚀和电解刻蚀。

表面刻蚀作为涂装的基础处理，从其目的是提高与涂膜的贴近性这一观点来看，与上述印刷用铝板相同。

除此之外，还有用于增加轴承等圆周运动面保油力的刻蚀工艺。这是将表面刻蚀产生的凹部作为油块来提高润滑性的方法。在 Al-Mg-Si 合金铸件制成的气缸部分，预先制作出 Mg_2Si 的细微析出，并将表面溶解在硝酸中的方法就是一个例子。这是利用 Mg_2Si 溶于硝酸而不溶于铝的性质来实现选择性刻蚀的。

一种特殊的刻蚀技术被用于电解电容器铝箔的表面刻蚀。这种刻蚀并不是单纯的粗面化，而是为了增大电容器的电容量而产生无数深而细的孔来扩大表面积，也被称为扩面刻蚀。在这种刻蚀技术中，在适当的条件下烧结铝箔，使结晶的（100）面与铝箔面平行，进行直流电刻蚀时，铝的溶解容易垂直于（100）表面，产生的孔在表面上垂直生长，从而得到具有多个垂直微孔的铝箔。这种刻蚀由于孔的形状被称为隧道刻蚀，可用于高电压电解电容器，而对于低电压用，则优选具有更多微小凹凸的刻蚀。在这种情况下，可使用交流电解刻蚀，或在电解液中混入氧化剂，与箔的结晶状态无关，使从箔表面到一定深度处形成海绵状结构。

6.1.4　刻蚀检查

在金相学领域中有用于金属组织检查的刻蚀技术，以及用于金属单晶体和半导体单晶体表面研究领域的刻蚀技术。

在这些刻蚀中，表面能量较大的部分化学活性高，采用选择性溶解的原理，由此得到了与金属组织相对应的细微凹凸图案。

在金相学及结晶学领域中，使用刻蚀的目的可分为以下4种：

（1）表面变质层去除。一般样品的制作需要机械性地切断、磨削、研磨等操作，通过这些操作生成表面变质层，这样表面就会与样品的真实状态不同。刻蚀可除去这些变质层。

（2）蚀坑的形成。在转变中形成蚀坑，是因为转变中的刻蚀速度比周围的刻蚀速度大。产生这种刻蚀速度差异的原因有过渡部分比其他部分具有更大的形变、过渡部分凝聚杂质等。

这些转变包括在结晶成长阶段发生的转变（向结构件内部扩散的转变）和通过机械加工产生的转变（封闭在表面极薄层的环状转变），但产生转变的原因相同。此外，刻蚀还可由以下原因产生：在结晶物成长的过程中，在熔触点的平衡浓度下引入空孔，但由于该平衡浓度在降低温度时降低，所以只要结晶没有极端迅速冷却，结晶晶格在冷却过程中就会因空孔而过饱和。这种情况下，转变可以成为空孔的出口。但在几乎没有转变的材料中，由于空孔的形成，过饱和得以释放。在几乎没有转变的材料中产生的小坑，就是由这样的空孔块造成的。不均匀表面皮膜是在刻蚀液溶解材料之前，多数情况下需要溶解氧化物等表面皮膜。当该表面皮膜存在局部厚度不均匀或缺陷时，刻蚀液首先通过这样的地方进行侵蚀，在该地方生成刻蚀。

除此之外，目前已知的致蚀原因还有非常小的异相物质粒子和进入母材中的砂粒等。

（3）结晶面方位的出现。晶体表面方位的观测是通过X射线衍射和光学方法来完成的，而X射线衍射对刻蚀的要求仅仅是去除表面变质层。但是，利用光学方法进行方位观测时，需要利用表面能量差异导致的溶解速度差异，使具有确定方位的结晶面显现出来。

（4）结晶粒界的出现。结晶粒界的表面能量比结晶内部大，而且是杂质凝聚较多的地方。因此，由于与位点的生成相变相同的原因，产生选择溶解而出现粒界。

另外，在电解刻蚀中，在比电解研磨低得多的电压和小电流的条件下使试剂阳极溶解，利用金属试剂的各相分解电压差使各相出现标准金相刻蚀。

6.2　晶圆刻蚀工艺

6.2.1　晶圆刻蚀的电化学机制

晶圆刻蚀通常采用湿刻蚀技术。湿刻蚀是使用刻蚀溶液在液相中进行的刻蚀，并且刻蚀溶液具有电解液的特性。放置在这种电解液中的单体金属处于动态平衡状态。在这种状态下，金属原子变成离子进入电解液中（氧化反应），同时，电解液中的金属离子放电而变成金属原子（还原反应）。在平衡状态下，产生的离子数等于释放的离子数。

在这种平衡状态下，金属对电解液产生一定值的正或负电位。这种金属和液体之间的电势差被称为单极电位或自然电极电位。该单极电位 V 由下式表示为：

$$V = V_0 + \frac{RT}{nF}\ln[M^{n+}] \tag{6-1}$$

式中　　$[M^{n+}]$——金属离子的摩尔浓度；

n——离子价；

T——液温（绝对温度）；

R——每 1mol 的气体常数；

F——法拉第常数；

V_0——离子浓度为 1g/mol 时的单极电位值（25℃），被称为标准电极电位。

各种金属的标准电势相对于氢从零电势到正的排列，这称为电化学序列，此序列与金属的电离趋势一致，电极电位越负，越容易形成离子溶出。给定 $[M^{n+}]$ 和 T，对于单一的金属材料，金属表面的单极电位都应由公式决定。从微观上看，由于杂质、晶体结构的紊乱结晶粒界的存在、表面皮膜和残留应力的不均匀分布等，处于不均匀状态，所以即使是同一金属，单极电位也会有部分值是不同的。也就是说，在金属表面上，高电位的部分（局部阳极）和低电位的部分（局部阴极）分布不均匀。将这种状态的金属置于刻蚀液中，刻蚀液作为电解液形成局部电池，局部阳极部分发生电子释放反应（氧化反应），金属原子成为离子溶入液中。放出的电子被低电位的部分吸引，通过金属内部到达局部阴极，在那里发生电子的接受反应（还原反应）。

虽然有很多现象表明金属的溶出具有电化学的局部电池作用机制，最直接的例子就是差异效应。但化学溶出和电解溶出同时进行时，总溶出量不等于两溶出量总和。

6.2.2　湿刻蚀技术

金属的溶解现象可以通过上述金属表面的局部电池的构成来解释。对于腐蚀这种缓慢的溶解现象，该理论也非常适合。但是，湿刻蚀现象的所有机制有时也不能仅通过局部电池的作用来说明。特别是在高浓度、高液温的酸碱溶液中金属的剧烈溶解现象等，仅靠局部电池的作用难以解释。作为加工技术使用的湿刻蚀大部分都属于这种情况。

6.2.2.1 酸溶液的刻蚀

对于酸溶液中金属的溶解，需要区分非氧化性酸和氧化性酸。在非氧化性酸中，比氢更上层的离子化倾向大的金属，与酸溶液中的氢离子置换成为金属离子而溶出。这种情况下，在金属溶解的同时产生氢气，因此被称为氢气生成型溶解。为了进行溶解，通过与氢的置换反应生成的金属盐必须是可溶于水的。例如铁对浓盐酸、浓硫酸分别进行置换反应：

$$2Fe + 6HCl \Longrightarrow 2FeCl_3 + 3H_2 \uparrow$$

$$2Fe + 3H_2SO_4 \Longrightarrow Fe_2(SO_4)_3 + 3H_2 \uparrow$$

$FeCl_3$可溶于水，所以铁可溶于浓盐酸；但 $Fe_2(SO_4)_3$不溶于水，所以铁相对于60%以上的浓硫酸不溶。另外，为了产生氢，需要各种过电压，离子化倾向仅比氢大一点点的金属可能不会与氢发生置换反应因而不发生溶解。

在电化学序列中，比氢低的金属不与氢发生置换反应，所以不会发生氢生成型的溶解。在这种情况下，若溶液中有氧等氧化剂，其表面的碱性氧化物与酸发生中和反应而溶解，这种形式的溶解被称为耗氧型溶解。在这种情况下，只有通过中和反应产生的盐可溶于水时才会溶解。

氧化性酸的溶解作用在电化学序列中，对比氢更上层的金属也会发生氢的溶解作用，通过酸的氧化作用生成碱性氧化物，再通过酸的中和反应产生溶解即上述耗氧型溶解作用。即使是比氢低的金属，也会因为这种作用而激烈地溶解于氧化性酸中。但是氧化性酸的氧化作用过强，在表面形成稳定的氧化物层时，就会钝化不溶解。

6.2.2.2 碱性溶液的刻蚀

碱溶液是碱金属或碱土类金属的低级氧化物和水结合而成的氢化物溶于水的产物。金属接触碱溶液时，由于氢化物被氧化而产生金属的氧化物，起到了酸的作用，再通过与氢氧化物中的低级氧化物（作为碱基对）发生中和反应，形成可溶于水的盐时进行刻蚀。

在碱溶液的作用下溶解形成可溶性盐的金属只有铝、锌、锡、铅等两性金属，因此碱溶液在实际刻蚀液中使用的情况并不多。

6.2.2.3 中性盐溶液的刻蚀

在湿刻蚀方面，现在已经出现了几乎适用于所有材料的刻蚀液。刻蚀液根据材料的种类、所要求的加工速度和目的等，可采用各种组成及液温。主要加工材料的刻蚀液如表6-1所示。

表6-1 主要加工材料的刻蚀液

加工素材	刻蚀液的组成和条件
铁、镍	氯化亚铁溶液

续表 6-1

加工素材	刻蚀液的组成和条件
铝	(1) 20%氢氧化钠（60~90℃）
	(2) 38%浓盐酸：水（22~65℃）= 1：4
	(3) 氯化亚铁溶液 4L+38%浓盐酸 340g（43℃以下）
阳极氧化铝	(1) 20%氢氧化钠
	(2) 氯化亚铁溶液 4L+38%浓盐酸 340g（43℃以下）
	(3) 38%浓盐酸：水 = 1：4
铬	(1) 氯化亚铁溶液：浓盐酸（80℃）= 2：1
	(2) 浓盐：酸水（80℃）= 3：7
	(3) 硝酸亚铈+高氯酸
铜、铜合金	(1) 氯化亚铁溶液
	(2) 过硫酸铵+氯化亚汞
	(3) 二氯化铜溶液
金	(1) 王水（金薄膜很薄的情况下）
	(2) 氰化钠+过氧化氢
镁	5%~10%硝酸
钼	(1) 浓硝酸：浓硫酸：水 = 1：1：3
	(2) 血红酸+氢氧化钠
镍铬	(1) 氯化亚铁溶液
	(2) 浓硝酸：盐酸：水 = 1：1：3
不锈钢	(1) 氯化亚铁溶液
	(2) 氯化亚铁溶液+硝酸
	(3) 盐酸+硝酸汞+水
	(4) 37%盐酸：70%硝酸：水 = 1：1：3
银	(1) 55%硝酸亚铁溶液
	(2) 无水铬酸 40g+浓硫酸 20mL+水 2000mL
钢	(1) 氯化亚铁溶液
	(2) 氯化亚铁溶液+硝酸
	(3) 浓硝酸 300mL+水 700mL
	(4) 浓硝酸 300mL+硝酸银 35g+水 700mL
钛	(1) 40%氢氟酸：水（30~32℃）= 1：9
	(2) 过硫酸盐+氟化物
亚铅	硝酸溶液
玻璃，陶瓷	(1) 氢氟酸
	(2) 氢氟酸+氯化铵
酸化锡（皮膜）	(1) 亚铅粉末和 10%盐酸溶液（室温）
	(2) 氢氟酸+氯化铵

加工素材	刻蚀液的组成和条件
酸化铟（皮膜）	氯化亚铁溶液
硅、锗	（1）含氢氟酸和硝酸或过氧化氢的溶液（相对于硅和锗） （2）在次氯酸盐溶液中吹入碳酸气体进行刻蚀（相对于锗）
聚酯	（1）浓硫酸 （2）硫酸+磺胺酸
聚酰胺	（1）50%氢氧化钠（105~110℃） （2）肼和乙胺
钽	（1）30%~40%氢氧化钠（70~80℃） （2）氢氟酸

由表6-1可知，中性盐中氯化亚铁的水溶液，除特殊材料外，适用于大部分材料，因此可以说是万能的刻蚀液。特别是铜和铁类材料成为使用刻蚀液的主流。

对铜的反应：

$$2FeCl_3 + Cu \Longrightarrow 2FeCl_2 + CuCl_2$$

铜被氧化成氯化亚铜，氯化铁被还原成氯化亚铁。

对铁类材料的反应：

$$2FeCl_3 + Fe \Longrightarrow 3FeCl_2$$

铁被氧化，氯化亚铁被还原，都成为氯化亚铁。在任何情况下，都是通过氯化亚铁作为氧化剂的氧化还原反应来进行溶解。

6.2.3 溶解现象的全过程

对于一般的化学反应来说，可以认为是反应物质的分子能量从极小的状态（反应前的各分子的状态）转移到通过反应产生的物质（反应生成物），分子之间的势能变为极小的状态的现象。因此，在这个过程中，分子必须越过某个高度的势能高峰，即产生化学反应的分子必须具有足够大的动能以越过这个高峰。该能量被称为反应的活化能，将该量设为 E，根据麦克斯韦速度分布定律，在所有分子中，具有能量的分子的比例与 $e^{-E/RT}$ 成正比。

反应速度 $d\omega/dt$ 与可反应分子的比例成正比。引入 A 为比例常数：

$$d\omega/dt = Ae^{-E/RT} \tag{6-2}$$

式（6-2）是被称为表示反应速度和温度的关系的阿伦尼乌斯方程式，适用于均质反应体系。

溶解反应是固液间的非均质反应，但在实验中，溶解反应速度也大多遵循阿伦尼乌斯公式。铝在氢氧化钠中溶解时溶解量随液温的变化，根据该结果求出绝

对温度的倒数 $1/T$ 与溶解速度的对数的关系，如果将这条直线的倾斜度取为 $-E/2.3R$，则溶解速度与液温的关系为：

$$\ln(\mathrm{d}\omega/\mathrm{d}t) = \ln A - E/RT \tag{6-3}$$

式（6-3）和式（6-2）的关系完全一样。这表明，在非均质反应的溶解反应中，一般均质反应中成立的反应速度的温度依赖性也成立。

阿伦尼乌斯方程式仅考虑溶液中的反应种类（反应成分）在材料表面上的反应过程，溶解现象的整个过程是：刻蚀液中的反应种类在刻蚀液中扩散，输送到材料表面，不同的反应种类与材料在表面发生溶解反应。这一过程是产生的反应生成物通过扩散从表面输送到刻蚀液中。

溶解速度即刻蚀速率受这些过程中的最慢过程（该过程称为律速过程或律速阶段）的速度限制。反应过程处于律速阶段的情况称为反应律速、反应支配、活化律速等，扩散过程处于律速阶段的情况称为扩散支配。

一般来说，在反应支配的情况下，溶解速度由式（6-2）决定，因此也取决于活化能的大小，溶解速度对温度依赖性明显较大；在扩散支配的情况下，液体的黏度大小不同，但液体搅动的影响较大。但是随着温度的变化，液体的黏度和扩散系数也会发生变化，因此即使在扩散支配下，液温的影响度也会变大。

金属材料的晶圆刻蚀大多采用扩散支配，扩散支配情况下的溶解速度由下式给出：

$$\mathrm{d}\omega/\mathrm{d}t = SDC/\delta \tag{6-4}$$

式中　S——材料的露出面积；

　　　D——扩散系数；

　　　C——刻蚀液的浓度；

　　　δ——材料表面形成的扩散层的厚度。

由于刻蚀液的搅动减少，溶解速度增大，因此在实际的湿刻蚀中，最有效的方法是采用喷雾刻蚀的方式。

根据式（6-4），刻蚀液的浓度 C 越大，溶解速度就越大，但这只能在浓度低的范围内成立；高浓度时，液体的黏度增大，妨碍扩散，所以刻蚀速率减小。因此，存在使刻蚀速率达到最大的浓度。

另外，将标准扩散系数设为 D_0，式（6-4）中的扩散系数 D，如果随着液温的上升而增大：

$$D = D_0 \mathrm{e}^{-E/RT} \tag{6-5}$$

将式（6-5）代入方程式（6-4），由扩散支配下的溶解速度得：

$$\mathrm{d}\omega/\mathrm{d}t = (SD_0C/\delta)\, \mathrm{e}^{-E/RT} \tag{6-6}$$

式（6-6）表示在其他条件不变的情况下，仅从液温的影响来看，与反应支配情况下的阿伦尼乌斯方程式相同。这就是在固液不均匀反应即溶解反应中，根据阿伦尼乌斯公式也有很大温度依赖性的原因。无论在哪种情况下，当液体温度升高 10% 时，刻蚀速率将增加 1.1~1.5 倍，具体取决于活化能 E 的大小。

6.3 刻 蚀 技 术

用化学或物理的方法有选择地去除不需要的材料的工艺过程称为刻蚀。由于硅可以作为几乎所有集成电路和半导体器件的基板材料，所以本节主要讨论在硅基板表面的刻蚀过程。

刻蚀的工艺目的是把光刻胶图形精确地转移到硅片上，最后达到复制掩膜板图形的目的。它是在硅片上复制图形的最终和最主要的图形转移工艺。

6.3.1 干法刻蚀原理

6.3.1.1 干法刻蚀中的等离子体

干法刻蚀工艺是利用气体中阴阳粒子解离后的等离子体来进行刻蚀的。所谓的等离子体，是指物质就变成了带正电的原子核和带负电的电子组成的区别于固、液、气外的第四的物质，宇宙中 99% 的物质，均处于等离子状态。其中包含了中性的粒子、离子和电子，它们混合在一起，表现为电中性。在干法刻蚀中，气体中的分子和原子，通过外部能量的激发，形成震荡，使质量较轻的电子脱离原子的轨道与相邻的分子或原子碰撞，释放出其他电子，在这样的反复过程中，最终形成气体离子与自由活性激团。干法刻蚀利用了气体等离子体中的自由活性激团与离子，与被刻蚀表面进行反应，以此形成最终的特征图形。

6.3.1.2 干法刻蚀的特征

干法刻蚀与湿法刻蚀工艺利用药液处理的原理不同，干法刻蚀在刻蚀表面材料时，既存在化学反应又存在物理反应。因此在刻蚀特性上既表现出化学的等方性，又表现出物理的异方性。所谓等方性，是指纵横两个方向上均存在刻蚀；而异方性，则指单一纵向上的刻蚀。

（1）各向同性刻蚀技术。各向同性刻蚀，即在所有方向上均相等的刻蚀，是指基材的方向不影响刻蚀剂去除材料的方式。当将刻蚀剂（一种刻蚀性化学品）施加到被掩膜的晶圆上时，在所有方向上未被掩膜覆盖的区域中，刻蚀会以相同的速率发生，从而产生倒圆的边缘。如图 6-3 所示，刻蚀剂将刻蚀掉称为掩膜底切的掩膜下的基板材料。可以通过在底切掩膜前先冲洗掉刻蚀剂，然后在通道上施加光刻胶来避免这种情况，然后添加更多的刻蚀剂。通过添加缓冲液以改变浓度或通过升高/降低温度，可以容易地控制刻蚀速率。

各向同性刻蚀用于剥离抗蚀剂等情况。当需要微细加工精确特征时，各向同性刻蚀并不是理想方法，因为它的方向性不强且难以控制。

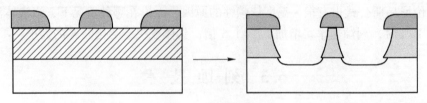

图 6-3　各向同性刻蚀

（2）各向异性刻蚀技术。以掩膜的端面为基点在垂直方向上进行反应的情况称为各向异性刻蚀技术，如图 6-4 所示。各向异性刻蚀技术支持了大规模集成电路 LSI（large scale integration）的加工精度。随着 LSI 的小型化，对加工精度的要求变得越来越严格，并且对于目前正在开发的设备，要求制造出正面的深度比（纵横比）超过 10 的结构。另外，根据工艺的不同，需要用于以锥度加工侧壁并且对下层材料具有大于 100 的选择性的技术。另外，随着批量生产中使用的晶圆的大口径化，从同时处理多个晶圆的贴片变为单晶片以及连续处理多个晶圆的剥离工艺的集群化，根据所使用晶圆形态的变化，装置的形态也在变化。

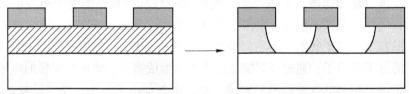

图 6-4　各向异性刻蚀

6.3.1.3　干法刻蚀的参数

干法刻蚀参数包括：刻蚀速率、刻蚀剖面、刻蚀偏差、选择比、均匀性、聚合物等离子体诱导损伤。

（1）刻蚀速率。刻蚀速率是指刻蚀过程中去除硅片表面不需要的材料的速度，如图 6-5 所示。

$$K = \Delta T / t \tag{6-7}$$

式中　K——刻蚀速率；

　　ΔT——去掉的材料厚度，Å 或 μm；

　　t——刻蚀所用时间，min。

（2）刻蚀剖面。刻蚀剖面是指被刻蚀图形的侧壁形状。两种基本的刻蚀剖面为各向同性和各向异性刻蚀剖面。

（3）刻蚀偏差。刻蚀偏差是指刻蚀以后线宽或关键尺寸的变化，见图 6-6。

$$W = W_a - W_b \tag{6-8}$$

式中　W——刻蚀偏差；

　　W_a——刻蚀前光刻胶的线宽；

W_b——光刻胶去掉后被刻蚀材料的线宽。

刻蚀偏差、凹切量见图 6-6 和图 6-7。

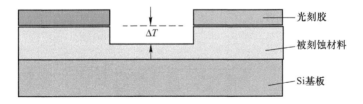

图 6-5 刻蚀速率

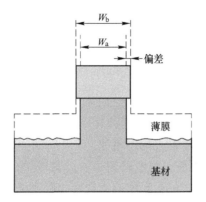

图 6-6 刻蚀偏差

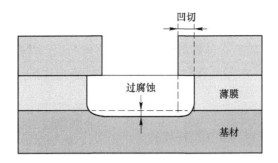

图 6-7 凹切量

(4) 选择比。选择比是指在同一刻蚀条件下，刻蚀一种材料与另一种材料的刻蚀速率之比，如图 6-8 所示。高选择比则意味着可以很大程度地刻除想要除去的材料，而对其他部分不刻蚀。

$$S = (\Delta T_{SiO_2}/t_1)/(\Delta T_{胶}/t_1) = \Delta T_{SiO_2}/\Delta T_{胶} \tag{6-9}$$

式中 S——SiO_2对光刻胶的选择比；

　　ΔT_{SiO_2}——SiO_2的刻蚀厚度；

　　$\Delta T_{胶}$——光刻胶的刻蚀厚度；

　　t_1——刻蚀所用时间。

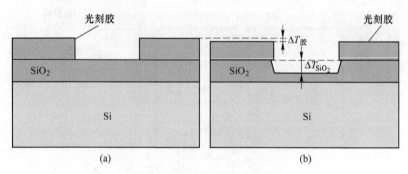

图 6-8　刻蚀的选择比示意图

(a) 0 时刻；(b) t_1 时刻

　　(5) 均匀性。刻蚀均匀性是指刻蚀速率在整个硅片或整批硅片上的一致性情况。非均匀性刻蚀会产生额外的过刻蚀。

　　(6) 聚合物。聚合物是在刻蚀过程中由光刻胶中的碳与刻蚀气体和刻蚀生成物结合在一起而形成的；能否形成侧壁聚合物取决于所使用的刻蚀气体类型。

　　聚合物的形成有时是为了在刻蚀图形的侧壁上形成抗腐蚀膜从而防止横向刻蚀，这样能形成高的各向异性图形，增强刻蚀的方向性，从而实现对图形关键尺寸的良好控制。

　　(7) 等离子体诱导损伤。等离子体诱导损伤有两种情况：

　　1) 等离子体在 MOS 晶体管栅电极产生陷阱电荷引起薄栅氧化硅的击穿；

　　2) 带能量的离子对暴露的栅氧化层或双极结表面上的氧化层进行轰击，使器件性能退化。

6.3.1.4　干法刻蚀的优缺点

干法刻蚀的优点（与湿法刻蚀比）：

　　(1) 刻蚀剖面各向异性，非常好的侧壁剖面控制；

　　(2) 最小的光刻胶脱落或黏附问题；

　　(3) 良好的片内、片间、批次间的刻蚀均匀性；

　　(4) 化学品使用费用低。

干法刻蚀的缺点（与湿法刻蚀比）：

　　(1) 对下层材料的刻蚀选择比较差；

　　(2) 等离子体诱导损伤；

（3）设备昂贵。

此外，湿法刻蚀是各向同性刻蚀，不能实现图形的精确转移，一般用于特征尺寸较大的情况（不小于 $3\mu m$）；干法刻蚀有各向同性刻蚀，也有各向异性刻蚀。各向异性刻蚀能实现图形的精确转移，是集成电路刻蚀工艺的主流技术。

6.3.2　干法刻蚀机制

干法刻蚀机制分为物理刻蚀、化学刻蚀和物理化学刻蚀。

物理刻蚀：利用离子碰撞被刻蚀表面的溅射效应来实现材料去除的过程（见图 6-9）。

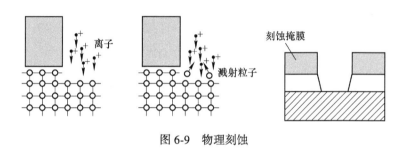

图 6-9　物理刻蚀

化学刻蚀：通过激活的刻蚀气体与被刻蚀材料的化学作用，产生挥发性化合物而实现刻蚀（见图 6-10）。

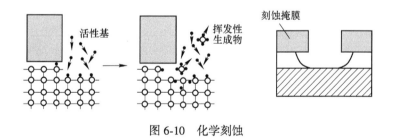

图 6-10　化学刻蚀

物理化学刻蚀：通过等离子体中的离子或活性基与被刻蚀材料间的相互作用实现刻蚀（见图 6-11）。

在物理化学刻蚀中，离子轰击光阻层，使光阻附着在侧壁上，反应生成的副产物也会附在侧壁上；吸附在待刻蚀膜上的气体分子受到离子撞击，进行分解，分解物留在待刻蚀膜上，离子再次撞击，待刻蚀膜层脱落；没有方向性的自由基与待刻蚀膜发生反应进行刻蚀，生成易挥发的反应副产物。

等离子体干法刻蚀机理及刻蚀参数对比见表 6-2。

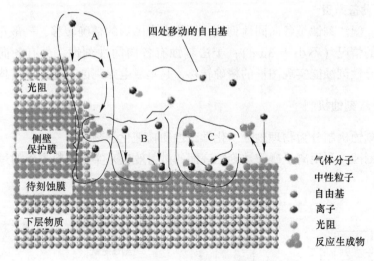

图 6-11　物理化学刻蚀

表 6-2　等离子体干法刻蚀机理及刻蚀参数

刻蚀机理	物理刻蚀	化学刻蚀	物理化学刻蚀
刻蚀参数	RF 场垂直片面	RF 场平行片面	RF 场垂直片面
刻蚀机理	物理离子溅射	活性元素化学反应	离子溅射和活性元素化学反应
侧壁剖面	各向异性	各向同性	各向异性
选择比	低/难提高（1∶1）	很高（500∶1）	高（5∶1~100∶1）
刻蚀速率	高	慢	适中
线宽控制	好	非常差	很好

6.3.3　干法刻蚀过程

　　干法刻蚀的主要过程如图 6-12 所示。反应腔体内气体等离子体中的离子，在反应腔体的扁压作用下，对被刻蚀的表面进行轰击，形成损伤层，从而加速了等离子中的自由活性激团在其表面的反应，经反应后产生的反应生成物，一部分被分子泵从腔体排气口排出，一部分则在刻蚀的侧壁上形成淀积层。干法刻蚀就是在自由活性激团与表面反应和反应生成物不断淀积的过程中完成的。离子轰击体现了干法刻蚀的各向异性，侧壁的淀积则很好地抑制了自由活性激团反应，及各向同性作用对侧壁的刻蚀。正因为干法刻蚀这一物理反应和化学反应相结合的独特方式，在各向异性和各向同性的相互作用下，可以精确的控制图形的尺寸和形状，体现出湿法刻蚀无法比拟的优越性，成为亚微米图形刻蚀的主要工艺技术之一。

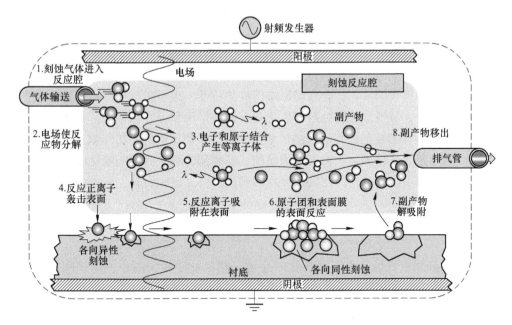

图 6-12 硅片的等离子体刻蚀过程图

随着微细化加工的深入发展，干法刻蚀工艺技术已贯穿了整个制品流程，参与到了各个关键的工艺工序中。从器件隔离区、器件栅极、LDD 侧壁保护、接触孔与通孔、孔塞、上下部配线的形成，到金属钝化以及光刻胶的剥离与底部损伤层的修复，均涉及了干法刻蚀技术。

6.3.3.1 刻蚀气体的分类

刻蚀气体主要分为惰性系、腐蚀系、氧化系以及 C、F 系。

刻蚀反应包括物理反应和化学反应。根据等离子体中自由活性激团与主要表面材料的刻蚀反应，其基本化学反应式可归纳为如下几种：

$$SiO_2: \quad 3SiO_2+4CF_3 \longrightarrow 3SiF_4+2CO\uparrow+2CO_2\uparrow$$

$$Si: \quad Si+4F \longrightarrow SiF_4; \ Si+4Cl \longrightarrow SiCl_4$$

$$W: \quad W+6F \longrightarrow WF_6$$

$$Al: \quad Al+3Cl \longrightarrow AlCl_3$$

当然，在实际的刻蚀过程中，根据加工工序的要求，以及被刻蚀图形的膜层结构，还包括了除上述以外的其他材料，如金属刻蚀中的 Ti、TiN；金属配线层之间的有机或无机 Silica；钝化刻蚀中的 $SiON_3$，以及其他介质膜刻蚀中的 SiN 等。

6.3.3.2 刻蚀应用的分类

干法刻蚀主要应用在图形形成工艺中。随着在生产制造上的广泛应用，针对图形加工，干法刻蚀可细致分为有图形刻蚀和无图形刻蚀两大类。

大部分干法刻蚀工艺涉及有图形刻蚀。而对于部分无图形刻蚀，仍然可以通过干法刻蚀来完成，如 LDD 侧壁、孔塞、光刻胶的剥离。除剥离工艺外，类似这样的全面干法刻蚀，通常被称为回刻（etch back）。如 LDD 的侧壁刻蚀，LDD 侧壁的形状和尺寸的好坏，会直接影响器件的特性，用干法刻蚀进行刻蚀的控制是最好的选择。另外湿法腐蚀对于氧化膜有腐蚀作用和等方性特征，是无法形成 LDD 侧壁的特殊形貌的；在钨塞的形成工艺中，采用了钨的干法回刻工艺，湿法的全面腐蚀是无法精确控制钨塞损失量的；在剥离方面，如 STI 氮化硅剥离和在制备晶体管侧墙注入时与硅化物结合后的剥离。对光刻胶而言，则是另一个干法剥离的例子。

根据各加工工序、被刻蚀材料膜质的不同，干法刻蚀工艺可以细分成如下几项：

（1）硅基板刻蚀。由于微细化的要求，栅极寸法越来越小，配线间的寸法要求也非常严格，为防止配线间的短路和确保光刻时的寸法精度，要求在形成器件隔离区时须具备较高的平坦度。因此，对于隔离区的刻蚀已从原来的氮化膜刻蚀逐步发展为硅基板+氮化膜刻蚀。当然，除隔离区的形成外，在一些大功率管的制造过程中也采用了硅基板刻蚀。

（2）氮化膜刻蚀。如前所述，多用于器件隔离区的刻蚀。此外，还运用在特殊的 LDD 侧墙形成的工艺中。但由于刻蚀工程中的金属污染问题，此类刻蚀必须与隔离区的刻蚀设备分离使用。

（3）金属多晶硅刻蚀。多用于栅极刻蚀，在一些铸造产品中，也用于电容形成时的刻蚀。其涉及的工序主要包括 LDD 侧墙、容量、接触孔与通孔的刻蚀。由于微细化的发展，为形成极小尺寸的栅极，在栅极刻蚀中已大量采用氧化膜代替树脂光刻胶作为掩膜，因此会使用到氧化膜进行刻蚀。考虑到栅极部分的金属污染，此类设备应与其他氧化膜刻蚀区分。如上各工序的设备必须注意分离使用。

（4）多晶硅刻蚀。此类刻蚀多运用于回刻工序，如 DOPOS 膜添埋后的回刻等。

（5）金属刻蚀。涉及各种金属配线、金属回刻工序和接触金属刻蚀，包括钨、铝、钛、氮化钛、孔塞和金属硅化物的刻蚀。

（6）金属钝化刻蚀。运用在器件层完全形成后，最上部 PAD 引线图形形成的工序中。由于在刻蚀过程中下部金属配线的关系，此类设备也必须与同类非金属膜刻蚀设备严格区分。

（7）去胶刻蚀。由于设备本身与刻蚀工序的特殊性，它与上述刻蚀设备存在较大区别。它对应的工序较为广泛，不仅运用于干法刻蚀后的去胶、损伤层的修复，还应用在离子注入后晶格修复、亲疏性处理等工艺工序中。

干法刻蚀根据被刻蚀的材料类型，可系统地分成三种，即介质刻蚀、硅刻蚀和金属刻蚀。介质刻蚀是用于介质材料的刻蚀，如二氧化硅、氮化硅等。上述涉及介质的刻蚀，均属于介质刻蚀。硅刻蚀（包括多晶硅），应用于需要去除硅的场合，如刻蚀多晶硅晶体管栅和硅槽电容等。金属刻蚀，则主要在金属层上去掉铝合金复合层，制作出互连线。接触金属刻蚀，是指金属硅化物的刻蚀。金属硅化物是难熔金属与硅的合金。接触金属等离子刻蚀与通常的金属配线刻蚀略有不同，主要采用氟基气体（如 NF_3、SF_6），在增大刻蚀速率的情况下，具有良好的尺寸控制特性。在金属刻蚀中，形成接触的部分是一个自对准工艺。因此，在刻蚀时往往不需要光刻胶或其他种类的掩蔽膜。另外，当芯片制造的设计规格降到 0.15μm 线宽时，另一种金属互连线工艺，铜配线工艺，已被生产和使用。由于该工艺并不采用金属刻蚀，而是利用介质刻蚀形成互连线槽，在电化学淀积铜后，采用化学机械抛光工艺最终形成配线。

7 放电加工的基本方法

7.1 放电加工原理

7.1.1 放电加工现象

放电加工是在液体中很小的间隙（油或水，几微米至几十微米）中进行短期瞬时电弧放电（0.1μs 至数毫秒）的热作用，由于加工液体的急剧汽化膨胀作用，通过放电的作用将放电点的熔化部分去除而形成的放电加工。可通过微小的极间距离，获得与电极形状相对应的加工产品形状，因此可广泛用于具有复杂形状的模具加工和精密样品加工。

放电加工分为成型放电加工和线切割加工两种。

成型放电加工是利用与加工形状相反的形状（凹凸的关系）使电极保持 5～50μm 左右的极间距离，同时在极间连通产生放电来进行加工。

电火花线切割加工（wire cut electrical discharge machining，简称 WEDM），又称线切割。其基本工作原理（见图 7-1）是利用连续移动的细金属丝（称为电极丝）作电极，对工件进行脉冲火花放电蚀除金属、切割成型。电火花线切割技术

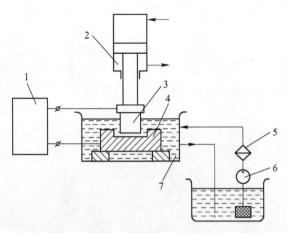

图 7-1 电火花加工原理

1—脉冲电源；2—自动进给条件装置；3—工具电极；4—工件；
5—过滤器；6—工作液泵；7—工作液

是特种加工的一种，它不同于传统加工技术需要用机械力和机械能来切除，而是主要利用电能来实现对材料的加工。所以，电火花线切割技术不受材料性能的限制，可以加工任何硬度、强度、脆性的材料，在现阶段的机械加工中占有很重要的地位。电火花切割加工中，无论哪种情况，如果工件都具有导电性，则无论材料的硬度如何，都可以对其进行加工，可适用于淬火钢、超硬合金、导向性新型陶瓷等加工。关于精细陶瓷，即使是非导电性的材料（例如氮化硅：Si_3N_4），也可以通过混合约 30%～35% 的导电性精细陶瓷（如氮化钛：TiN）进行烧结来进行放电加工。

为了理解放电加工的基本知识，有必要了解放电的发生及连续放电的规则。

（1）放电的发生。将极间距离保持在 10μm 左右，外加 100V 左右的电压，通过一个矩形波放电电流时的加工现象如下所示：

1）电弧的产生：介电击穿发生在电位梯度高的地方或离子浓度高的地方，并发生放电。放电发生瞬间的弧柱很细，随着时间的流逝逐渐变粗。因此，在放电的初始阶段，它变成具有非常高的电流密度（A/cm^2）的电弧柱，并且电流密度随着时间的流逝而降低。

2）产生热量：弧柱的温度在稳定状态下为 5000～6000K，在过渡状态下为 10000K。不过，作为放电点的弧柱脚的部分可以看作是该材料的沸点。通过一次放电加工的区域（放电深度）假定为达到材料内部熔点的深度进行计算，与实际值基本一致。

3）汽化爆炸：由于加工液急剧汽化膨胀，局部产生高压力，可达数十至数百个大气压。

4）熔融部分的飞散：金属的熔融部分变成小的颗粒被吹散在加工液中，未吹走的部分保留下来，积聚在外围，通过放电再形成整个凝固层。

5）绝缘恢复（去离子）：放电结束后，加工液从周围流入冷却间隙，并恢复间隙中的绝缘。恢复绝缘需要一定的时间，称为去离子时间。

（2）放电孔的大小。设放电直径为 $d(cm)$，放电深度为 $h(\mu m)$，则放电孔大小用下面的实验式表示：

$$d = 2.4\tau_p^{0.4}I_p^{0.4} \tag{7-1}$$

$$h = 1.3\tau_p^{0.3}I_p^{0.6} \tag{7-2}$$

式中　I_p——放电电流峰值，A；

　　　τ_p——放电电流脉冲宽度，s。

（3）单发放电与加工表面粗糙度。实际加工表面的理想精加工表面粗糙度是通过将两个发放电深度 h_1 叠加并加上上升高度 h_2 而获得的值：

$$R_{max} = 2h_1 + h_2 \tag{7-3}$$

但是在实际加工中，加工表面粗糙度越精细，该值通常会越大，在某些情况下，可能达到 h_1 的 $7 \sim 10$ 倍，这是放电集中在特定位置形成放电圈而产生的现象。后面 7.1.5 节所述实现镜面放电加工的原因是阻止放电集中性发生，使放电分散性地发生，形成两个单发放电叠加的状态。即实现了式（7-3）所示的理想状态。

（4）放电电流密度（A/cm²）。可以根据式（7-1）求出放电面积：

$$S = \pi d^2 / 4 = 4.52 \tau_p^{0.8} I_p^{0.8} \tag{7-4}$$

$$J = I_p / S = 0.22 I_p^{0.2} / \tau_p^{0.8} \tag{7-5}$$

即极小的放电初期的放电电流密度非常高，随着放电时间的流逝电流密度逐渐降低。该现象与实现放电加工的低消耗加工有重要的关系。也就是说，通过电流的升降控制（斜坡控制）来降低放电初期的放电电流密度，从而减小了铜电极等的消耗，实现了高精度的低消耗放电加工。图 7-2 为电火花切割加工设备。

图 7-2　电火花切割加工设备

（5）加工特点。电火花对电极腐蚀的物理过程是十分复杂的，是电磁学、热力学和流体力学综合作用的过程，人们至今对它尚未有一个全面的认识。一般可分为三个阶段：第一阶段，形成放电通道，在这一阶段中电解质被电离、击穿，形成放电通道；第二阶段，在工件表面形成能量转换，即火花放电、产生热膨胀，使工具电极和工件被蚀除；第三阶段，产生的蚀除物被抛出放电间隙，为下次放电做好准备。其加工特点如下：

1）可以加工任何硬、脆、韧、软、高熔点的导电材料，在一定条件下，还可以加工半导体材料和非导电材料；

2）加工时"无切削力"，有利于小孔、薄壁、窄槽以及各种复杂形状的孔、螺旋孔、型腔等工件的加工，也适合于精密微细加工；

3）当脉冲宽度不大时，对整个工件而言，几乎不受热的影响，因此可以减少热影响层，提高加工后的表面质量，也适用于加工热敏感的材料；

4）脉冲参数可以任意调节，可以在一台机床上连续进行粗、半精、精加工。精加工时精度为 0.01mm，表面粗糙度 Ra 值为 0.8μm；精微加工时精度可达 0.002~0.004mm，表面粗糙度 Ra 值为 0.1~0.05μm；

5）直接利用电能加工，便于实现自动化。

7.1.2　连续放电及其规律

实际的放电加工是连续放电，使放电一次又一次地以较高的频率发生。在连续放电中最重要的是，下一次发生的放电位置是与之前发生放电的位置相同或是在附近，还是在远离之前发生放电的位置。前者称为放电的集中，后者称为放电的分散。如果放电集中，同一处附近就会发生放电重叠，因此，一次放电就会产生 10 倍左右的凹口，不仅产生相对于理想粗糙度显著粗糙的加工面，还会发生裂纹等；如果放电分散，加工表面粗糙度就会像式（7-3）那样，变成由两个放电孔重叠而形成的加工表面粗糙度，而且也不会发生裂纹。为了分散放电，放电后的放电点的冷却是非常重要的，因此，通常采用较大的放电停歇比率（占空比 D 较小）和较大的放电极间距离的方式。

但是在放电加工快结束条件下，由于极间距离变小，加工液的流动阻力增加（与极间距离的 3 次方成反比），冷却困难，放电容易集中。另外，表面积大的情况下，极间自然形成电容器（电感显著减小），脉冲宽度极短的大电流流过，加工面也会变得粗糙。

关于放电的集中和分散规律，可以列举如下：

（1）越是精加工，放电越容易集中；

（2）如果加工面积变大，无论如何减小供给功率，加工表面粗糙度也会变大；

（3）放电点的易冷却程度与分散集中有关，极间距离越窄，电极及加工物的热传导率越低，加工物的触点越高，放电越容易集中。

根据以上规律，在加工同一物质时，石墨电极比铜电极更容易集中；使用同一电极进行加工时，导电性新型陶瓷和熔射物质更容易集中放电。

如果用符号 K 表示放电点的冷却易度，则：

$$K \propto \left(\frac{\lambda}{\theta_{\mathrm{m}}}\right)^a \cdot \frac{1}{g^b} \tag{7-6}$$

式中　λ ——材料的热传导率；

θ_m ——材料的熔点，℃；

g ——极间距离，μm。

使用水作为加工液有利于提高冷却能力和增大极间距离。钢丝放电加工显示了水中加工的有利性。如果使用石墨电极进行水中加工，加工速度可提高到油中加工的两倍左右。即

$$D = \frac{\tau_p}{\tau_p + \tau_r} \tag{7-7}$$

式中 τ_r ——停歇时间，s；

D ——占空比。

7.1.3 放电加工精度

放电加工的形状和电极之间通过极间距离 g 实现，只能使额外尺寸大于加工后的电极形状。因此，如果极间距离 g 是均匀的，并且具有再现性，就可以通过预先求出 g 的值来获得较高的加工精度。

采用电火花线切割加工，即确定应加工的电气条件，在该条件下加工试件，求出槽宽 b 与导线直径 d 的差，其中的 1/2 为单侧槽宽 d。将 g 尺寸值与加工图形的 NC 程序值相减（称为偏移量），并以该值进行 NC 驱动加工。在电火花线切割加工开始普及的 1981 年左右就已经采用了这种方法，得到了 $\pm 2\mu m$ 左右加工精度。现在，通过对加工机床的温度、加工液的温度及电阻率值进行控制，加工物的形状精度可以达到 $1\mu m$ 以下，装配精度可以达到 $1\mu m$ 左右。

7.1.3.1 极间距离的大小与均匀化

通常极间距离 g 与放电加工条件之间的关系随着表面粗糙度的增加及加工液污染程度的增加而增加。

在标准状态下，由下式表示：

$$C_{1/2} = 3.7 \cdot R_{max}^{0.9} \tag{7-8}$$

式中 $C_{1/2}$ ——单侧间隙（与 g 对应）；

R_{max} ——加工表面粗糙度，μm。

7.1.3.2 电极消耗与加工精度

在加工目标形状的情况下，电极的消耗将导致形状变形，造成加工形状精度降低。在模具雕刻放电加工中，特别是在加工形状为孔的情况下容易发生这种问题。因此，电极的低消耗加工至关重要。低电极消耗加工是当被加工材料（如钢）达到了被加热的放电电流密度时，另一个电极（如铜）即使在同一放电电流密度下也不能达到被加工的情况。从材料的组合来看，这就需要用熔点×热传导率（$\theta_m \times \lambda$）大的材料（如铜、石墨）来加工 $\theta_m \times \lambda$ 小的材料（如钢材），在这种情况下，仅对加工的工件以低的放电电流密度 $J(A/cm^2)$ 进行加工即可。

从单发放电电流来看，在普通矩形波放电电流下，绝缘破坏后的电流密度会显著增高，产生电极消耗，抑制放电初期电流上升的斜坡对于减小电极消耗是有用的。但是，虽说是低消耗加工，但形状上的一些变化无法避免。在这种情况下，提高加工精度的方法有以下几种：

（1）电极消耗比为 ε，在一次加工中为 $\varepsilon\%$，重复加工后的综合消耗比 ε_n 为：

$$\varepsilon_n = \varepsilon^n \tag{7-9}$$

因此，斜坡控制，在 $\varepsilon = 0.01\%$ 的情况下，如果进行两次加工，则 $\varepsilon_n = 0.0001\%$，达到了可以忽略的消耗比。

（2）为了减少棒状电极的角部消耗，通过进行摇摆加工，电极角部加工的部位在侧面也可以加工，从而减少电极消耗。

（3）为了减少电火花线切割加工的导线消耗，可以通过增大导线输送速度来实现。

7.1.4 放电加工变质层

放电点的温度是电弧脚部的温度，因此可以认为是该材料的沸点。熔化金属飞散后的表面，以一次熔化再凝固后的表面为外表面，即使不熔化，但在高温状态下通过急冷与淬火部分形成表面，形成与母材不同的加工变质层。

对钢材进行油中放电加工时，油分解产生碳，在高温、高压下进行渗碳，形成硬度高的白层。该白层由马氏体、残留奥氏体及未溶解碳化物组成，微晶硬度为 HB1000 左右。有时会通过加工表面的白层（再凝固层）产生微裂纹。这在含有大量 Cr、W、Mo、V 等合金的冷作压铸钢、热轧压铸钢、高速钢、耐热钢等中容易产生，在碳钢和低合金钢中不易产生。产生裂纹的原因是，由于放电集中，某一区域变得高温，当放电移动到另一个点时，此前产生的气泡等也存在急冷产生裂纹。为了不产生裂纹，进行所述的粉体混入放电加工为好。

由于电火花线切割加工是水下进行的，因此不会发生渗碳。然而，由于电极材料的转移会存在渗透，在钢材的加工中，黄铜（Cu+Zn）中的 Cu 浸入的话，钢材就会软化。因此，电火花线切割加工很少产生裂纹。另外，由于以被加工物为阳极，超硬合金（WC-Co）会因阳极氧化而发生 WC 向 WO_3 的转变、Co 的脱落等问题，可通过交流高频电源得到改善。

7.1.5 镜面放电加工的成立条件

传统的放电加工具有两个重大缺点：如果加工面积变大，无论如何减小供给功率，加工表面也会变粗糙；高温下强度高的材料（WC-Co 合金、高速钢、特殊合金工具钢等）在加工表面容易产生开裂。

镜面放电加工是从根本上解决这一难题的划时代的放电加工方法。镜面放电加工是不伴随放电集中的理想情况下成立的。也就是说，在放电电流 $I_p = 1 \sim 3A$，脉冲宽度 $\tau_p = 2 \sim 5\mu s$ 程度的加工条件下，在加工油中混入大量硅粉末进行加工时，可以得到较宽的表面，即使加工面积为数百平方厘米，也可以得到良好的表面。

另外，即使在正常加工中会产生裂纹的加工条件下，粉末混入加工也不会产生裂纹。而且这个表面的耐蚀性很高，即使在王水中浸泡也不会被侵蚀，这被认为是没有裂缝的原因。如果每一次放电分散发生，只要第一次放电不产生裂纹，就不会产生裂纹，这在导电性新型陶瓷领域也是成立的。

加工的两部分电极固定在绝缘板上，同时测量流过电极 I 和 II 的电流，分别进行了两种加工的现象测定。在普通加工中，仅在一个电极上产生放电，但是在粉末混合法中，允许在两个电极上交替产生放电。也就是说，通常放电加工方式容易发生集中放电，而粉体混入方式为分散放电。

7.1.6　可放电加工的材料

可放电加工的材料有：

（1）金属材料，特别是热传导率和熔点的乘积（$\lambda \cdot \theta_m$）与钢铁相同或更小的材料，可进行低消耗放电加工。

（2）所有混合约30%导电精细陶瓷的导电性新型陶瓷（含烧结合金）和非导电性新型陶瓷，即可进行加工。

（3）金属间化合物。

7.2　电火花线切割加工

7.2.1　电火花线切割的多用途化

电火花线切割加工更容易满足多样化的加工形状，在零件加工领域的应用也越来越普及。其加工形状的小型化趋势进一步提高，通过细线化导线电极来支持精细加工，而且其加工材料除铜和淬火钢外，还包括超硬等烧结材料，同时不仅包括以往的导电性材料，还包括高电阻材料。电火花线切割加工的应用范围更加广泛。

7.2.2　电火花线切割加工中的导线电极

在电火花线切割加工中，断口宽度不仅受导线直径的影响，而且受放电电弧的影响，在加工中电弧不可避免地会出现在导线的半径上，也就是放电间隙量的

电弧 R。在进行微细加工时，需要根据加工形状的不同，可使用直径为 0.1 mm 以下的导线电极。

当导线的直径减半时，其截面面积减少到 1/4，如果不考虑施加在导线上的张力，就会产生断线。通常广泛使用的黄铜导线，由于拉伸强度低，不能充分获得导线张力，因此，放电反作用力对导线的影响会损害形状精度。为了有效避免这种情况的发生，使用与黄铜导线相比价格昂贵、但拉伸强度高的导线电极，如钨丝。

7.2.3 被加工工件在加工时的注意事项

一般来说，在放电加工中，模具领域使用的压铸钢等是主要加工物。但近年来，从耐磨性等方面考虑，对钨合金和钴烧结的超硬合金等的需求在逐渐增加。另外，随着许多新材料的实用化，出现了即使进行放电加工也难以加工的材料，这时就需要对这些材料进行处理。

7.2.3.1 超硬材料加工

像超硬合金一样，在钨合金中加入钴作为黏合剂烧结而成的材料，在放电加工过程中，作为填充剂的钴发生电解腐蚀导致钨合金的变化，从而产生开裂造成材料强度降低的不良结果。另外，对于小型零件，即使像传统的模具加工那样，采用抛光后处理等工序也很困难，因此，必须尽量防止放电加工后表面的电解腐蚀。

作为该电解腐蚀的处理方法，在通常的加工中，加工液（一般使用离子交换水）的电阻率要在 $20 \times 10^4 \Omega \cdot cm$ 以上进行加工，才能有效防止电解腐蚀。最近还开发出了在加工电源上配备防止电解腐蚀的电路，从而更有效地尽量不损害高性能材料特性的加工机。

7.2.3.2 高电阻材料加工

众所周知，一般在模具领域放电加工中使用的加工材料是导电性材料，如压铸钢和超硬合金。

但是近年来的新材料中，像陶瓷这样的高硬度脆性材料，在一般机械加工中由于工具寿命短，加工过程中材料发生裂纹等使难以加工的材料越来越多。这些材料多为高电阻材料，对于以导电性材料为对象的放电加工来说，是一种非常困难的加工材料。如果高电阻材料在与压铸钢等相同的电气条件下进行加工，断线频率就会提高。对于像陶瓷这样的脆性材料来说，由于放电现象中的蒸发和熔化飞散，加上通过破碎来进行材料去除，容易发生异常放电等现象。另外，若在高电流峰值下加工，虽然去除量增加，但裂纹的产生量也随之增加，而且裂纹的深度也变大，会损坏零件本身强度。因此，作为对高电阻材料的电气条件，可以采用如下方法：

（1）将停留时间设长一些（抑制异常放电）；

（2）将电流峰值设低一些（抑制裂纹的发生）。

但是由于电能量的减少，加工速度的降低变得不可避免。可加工的材料的固有电阻可以达到 1Ω 左右。另外，由于在第一次加工中产生了数十微米的裂纹，因此有必要进行多次精加工，使加工面的裂纹微细化，以降低初始磨损程度。

7.2.4 放电微加工技术

近年来，随着机电一体化技术的进一步发展，对机械部件的轻薄短小、高精度、高输出的要求也在不断提高。虽然随着产品的小型化，其动力马达的性能和尺寸缩小程度有所提高，但在需要扭矩的情况下，仍需通过电动机驱动装置等进行减速来输出规定的功率。

小型马达的尺寸和电磁型马达的尺寸都在几毫米以下，当然其使用的减速齿轮也更小。为了解决这种传统加工手段难以实现的精密加工，必须追求加工设备及加工技术等硬件和软件的一体化。

在微锯齿加工时，从形状和尺寸的角度出发，需要注意以下几点：

（1）选定合适尺寸的导线；

（2）选定适当的加工液；

（3）设定合适的加工条件。

7.2.4.1 导线张力的设定

提高导线的张力可以降低因放电排斥力导致的导线在电弧部分的振动。虽然在形状精度方面有利，但由于容易断线，一般将导线的拉伸强度控制在 60% ~ 80%。在微加工中，如使用直径为 30μm 的钨丝时，其重量为 150~200g，而细线的切割槽宽度较窄，在断线点上导线接线较为困难，因此设定张力低一点为好。

7.2.4.2 加工液的设定

如果尽量提高加工液的电阻率，对减少被加工物的电解腐蚀有效果，在提高表面粗糙度时，需要降低电能，但由于加工液不能在导线、电极和被加工物之间产生放电现象，所以产生电解腐蚀这一不良结果的程度会增加，因此设定电解液时要考虑目标的表面粗糙度和离子交换树脂的经济性等因素。

7.2.4.3 电气条件

如果以高速加工为目的，则可以通过增大峰值电流、缩短停歇幅度来提高加工速度。但是，这样会使表面粗糙度变差，根据加工条件的不同，R_{max} 也有可能达到几十微米。在加工直径 1mm 左右的锥体时，该加工方法在以下几个方面存在困难：（1）在第一次切割时，为了保持其形状，必须在任意一个锥体形状上设置预留量，但由于锥体形状小，很难充分确保预留量；（2）由于加工液流量受到限制，污染物不能顺利排出导致二次放电时加工精度降低和断线的危险性增高；（3）当加工能量增大时，加工槽的宽度也会变大，由放电排斥力引起的导线振动也会变大，因此电弧部的挠度变大，难以维持形状精度。由于这些原因，当微小形状物被加工成薄板时，由于去除加工量少，即使能量降低，加工时间也可以在几分钟内完成。由于电弧和热变质层也减少，降低电流峰值等电气条件在实际中是实用的。

7.3 复 合 加 工

7.3.1 复合加工实例

一般认为复合加工有两种理解方式。第一种是通过一台加工机器依次切换执行多种加工方法，高效率地实现复杂或特殊形状。例如，在使用加工中心进行切削加工后，将工具切换到用电极进行放电加工的方式。另外，在普通的抛光加工之后，将加工液从煤油类加工液换成电解液进行电解加工，实现加工面镜面化的方法等。

第二种方法是超声波切削、通电切削、振动切削等，通过同时发挥两种或两种以上的物理化学效果来达到加工目的。

这两种方法都是为了解决在普通的单一放电加工作用下难以实现的形状和难加工材料等问题而尝试的，目前已经投入使用。

在普通的放电加工中，电极以及加工物均采用电阻数欧以下的良导体。对于像介电体这样的电绝缘体，可采用在极间施加数千伏以上的高电压的电晕放电法和本书所述的电解放电加工法。电解放电加工法是通过在电解液中产生放电来加工电介质等。通过这种方法，可以对钻石、蓝宝石、红宝石、玻璃等进行开小孔等加工。其加工的基本机理被理解为放电产生的高温环境下的化学反应结果。

电解液根据加工物的材质不同而不同，通常使用 $NaOH$、KOH、$NaNO_3$、KNO_3 等水溶液。工具电极 E_1 是将细钢或钨等的前端加工成针状使用，与之相对的另一个电极 E_2 则使用 Pt。作为加工电源，交流电和直流电均可使用，外加电压为 $50 \sim 200V$。当电极 E_1 和 E_2 之间的电压逐渐上升时，针状电极附近会伴随着电解作用产生气泡，逐渐形成针状整体。如果在这种状态下仍使电压上升，则在针电极和加工液之间通过气泡进行放电，通过放电进行加工。有在厚度为 0.3mm 的红宝石上用约 30s 的加工时间开直径为 0.2mm 孔的例子；还有用细钼丝作为电极的丝电解放电加工的例子。这种情况下，与普通的电火花线切割加工一样，可进行玻璃、氧化铝等陶瓷的二维切割加工。

7.3.2 超声波复合完成放电加工

众所周知，在完成放电加工中，极间距离缩小到数微米左右，加工变得极其不稳定。其结果是加工时间长，而且加工面不均匀。另外，如果对电极施加超声波振动，则极间会产生一种超声波清洗效果，有望实现高速完成加工。

在由谐振振动频率为 20kHz 的超声波振荡器和扩幅放大器构成的振动系统上，用螺栓安装了直径为 15mm 的铜电极。整个装置安装在放电加工设备的主轴头上。在常规的放电加工中，为了达到排出极间的加工碎屑等目的，对电极赋予定期的跳跃动作。将电极下降进行实质性加工的时间（电极下降时间）设为 T_d，将电极随着跳跃动作上升的时间（电极上升时间）设为 T_u。虽然人们期望 $T_d/(T_d+T_u)$ 值越大，加工速度就越快，但在现实加工中，如果上述值过大，加工就不稳定，反而会降低加工速度。

加工速度增大，可以认为是在极间距较宽的情况下，对电极施加较大的超声波振动幅度，极间的清洗效果就会变大，从而使加工液的绝缘恢复能力在表面上得到提高的结果。可延长跳跃动作中的电极下降时间 T_d 来体现其效果。

如果将超声波清洗槽用作放电加工用加工槽，将油作为加工液进行超声波清洗放电加工，则可获得同样的效果。这种情况下，虽然加工速度不如前者，但只要最终完成的表面性状适当，就具有相当的实用性，而且还可以使用较大的电极。

7.3.2.1 振动周期和振动幅度的注意事项

附加在电极上的强制振动在过低的振动数下会被主轴的响应性吸收，效果不明显。通常市面上销售的放电加工设备的主轴伺服控制的响应性为几十赫兹左右，因此至少需要比该振动频率足够高的振动频率。另外，在超声波振动这样高的振动频率下，如果振动幅度过大，电极和加工物就会与超声波振动的周期同步，出现反复短路。在这种情况下，由于放电加工机的短路检测回路的作用，主轴呈现不规则的上下运动，表面粗糙度也会劣化。因此，通过选择适当的幅度和增大基准伺服电压来扩大极间距离是非常重要的。

7.3.2.2 振动体的支撑法和冲击加振法

为了支撑包含振动子的超声波振动体，通常在振动节（节点）上设置法兰来固定。但是安装在振动体前端的电极的质量和大小需要根据使用目的不同而不同，因此节点的位置也随之变化，会改变共振状态，有害的振动会通过支撑点传递到整个机器。要解决这一问题，就要使用多个螺栓在多个点对振动体进行局部固定。固定点的位置最好是在振动的腹部（环）附近，但也可以不太严密。通过这种方法，振动体被静态地牢牢固定住，而且振动成分几乎不受限制。

　　另外，电极的实用加振法和冲击加振法都不是用螺栓等将电极和振荡器固定，而是将振荡器的前端安装在电极上端，进行周期性的冲击。如上所述，振荡器和电极被局部支撑。电极以振荡器的振动频率和每个极的固有频率的最小公倍数波动。以这种方式，可以容易地对具有固有振动频率的电极进行振荡。在这种情况下，电极和振荡器相互接触的表面最好不要加工成扁平的，可以在其中一方进行细微的凹凸加工。这样一来，即使接触面相互略微倾斜，凸部也会在弹性范围内变形，最终获得更大的接触面积。

8 物理气相沉积

8.1 引　言

8.1.1 物理气相沉积的定义

气相沉积法是将含有沉积元素的气相物质，通过物理或化学的方法沉积到材料表面形成薄膜的一种新型镀膜技术。该技术的目的是在各种材料或制品表面沉积单层或多层薄膜，从而使材料或制品获得所需的各种优异性能。

物理气相沉积（physical vapor deposition，PVD）技术是在真空条件下，采用物理方法，将固体或液体表面气化成气态原子、分子或部分电离成离子，并通过低压气体（或等离子体），在基体表面沉积具有某种特殊功能的薄膜的技术。物理气相沉积的主要方法有真空蒸镀、溅射镀膜、电弧等离子体镀、离子镀膜，及分子束外延等。发展到目前，物理气相沉积技术不仅可沉积金属膜、合金膜、还可以沉积化合物、陶瓷、半导体、聚合物膜等。

8.1.2 技术背景

化学学家和物理学家花了很长时间来考虑怎样才能得到高质量的沉积薄膜。他们已得到的结论认为，在晶片表面的化学反应首先应是形成"成核点"，然后从这些"成核点"处生长得到薄膜，这样淀积出来的薄膜质量较好；另一种结论认为，在反应室内的某处形成反应的中间产物，这一中间产物滴落在晶片上后再从这一中间产物上淀积成薄膜，这种薄膜常常是一种劣质薄膜。

根据成膜过程的原理不同可以分为：物理气相沉积和化学气相沉积（chemical vapor deposition，CVD）。在沉积过程中，若沉积粒子来源于化合物的气相分解反应，则称为化学气相沉积（CVD），否则称为物理气相沉积（PVD）。

目前，物理气相沉积技术已广泛应用于机械、航空航天、电子、光学、轻工业和建筑业等领域，用于制备单耐磨、耐蚀、耐热、导电、绝缘、光学、磁性、压电、润滑、超导、装饰等薄膜。

随着高科技及新兴工业发展，物理气相沉积技术出现了不少新的亮点，如多弧离子镀与磁控溅射兼容技术/大型矩形长弧靶和溅射靶/非平衡磁控溅射靶/孪生靶技术/带状泡沫多弧沉积卷绕镀层技术/条状纤维织物卷绕镀层技术等，使用的镀层成套设备，向计算机全自动，大型化工业规模方向发展。

8.2 物理气相沉积过程及特点

8.2.1 物理气相沉积过程

物理气相沉积（PVD）是指在真空条件下，利用各种物理方法，将镀料气化成原子、分子或使其电离成离子，直接沉积到基片或工件表面形成固态薄膜的方法。物理气相沉积过程见图 8-1。

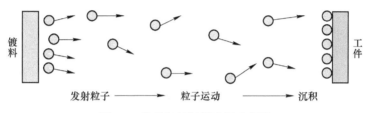

图 8-1 物理气相沉积过程示意图

PVD 主要包括三个过程：

（1）气相物质的产生。

蒸发镀膜：使镀料加热蒸发；

溅射镀膜：用具有一定能量的离子轰击，从靶材上击出镀料原子。

（2）气相物质的输送。

镀料向所镀制工件（或基片）的输送过程，要求在真空中进行，这主要是为了避免过多气体碰撞。

高真空镀时（真空度为 $10^{-2}Pa$）：镀料原子很少与残余气体分子碰撞，基本上是从镀源直线前进至基片；

低真空镀时（如真空度为 10Pa）：则镀料原子会与残余气体分子发生碰撞而绕射，但只要不过于降低镀膜速率，还是允许的；

真空镀过低：镀料原子频繁碰撞会相互凝聚为微粒，则镀膜过程无法进行。

（3）气相物质的沉积。

气相物质在基片上沉积是一个凝聚过程。根据凝聚条件的不同，可以形成非晶态膜、多晶膜或单晶膜。

反应镀：镀料原子在沉积时，可与其他活性气体分子发生化学反应而形成化合物膜，称为反应镀。

如镀制 TiC 是在蒸镀 Ti 的同时，向真空室通入乙炔，于是基片上发生反应 $2Ti+C_2H_2 \rightarrow 2TiC+H_2\uparrow$ 而得到 TiC 膜层。

反应镀在工艺和设备上变化不大，可认为是蒸镀和溅射的一种应用。

离子镀：在镀料原子凝聚成膜的过程中，还可以同时用具有一定能量的离子轰击膜层，目的是改变膜层的结构和性能，这种镀膜技术称为离子镀。

离子镀在技术上变化较大，所以通常将其与蒸镀和溅射并列为另一类镀膜技术。

8.2.2 物理气相沉积的特点

物理气相沉积技术中可能出现同一气相转变的机制不同，气粒子形态不同，气相粒子荷能大小不同，气相粒子在输运过程中能量补给的方式及粒子形态转变不同，镀料粒子与反应气体的反应活性不同，以及沉积成膜的基体表面条件不同。与化学气相沉积相比，主要优点和特点如下：

（1）镀膜材料来源广。镀膜材料可以是金属、合金、化合物等，无论导电还是不导电，低熔点还是高熔点，液相还是固相，块体还是粉末，都可以使用；

（2）沉积温度低。比化学气相沉积制备技术所需温度低得多，无受热变形或材料变质问题；

（3）膜层附着力强。膜层厚度均匀而致密，纯度高；

（4）工艺过程易于控制。主要是通过电参数控制；

（5）真空条件下沉积。无有害气体排出，环保无污染；

（6）设备较复杂，一次性投入较高。

8.3 真空蒸发镀膜

8.3.1 真空蒸发镀膜的原理

在高真空中用加热蒸发的方法使镀料转化为气相，然后凝聚在基体表面的方法称蒸发镀膜，简称蒸镀。

蒸发镀膜过程如图 8-2 所示。

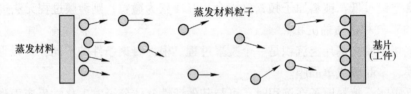

图 8-2 蒸发镀膜过程

成膜机理为：

（1）形核、长大、合并成膜；

（2）单分子层均匀覆盖，逐层沉积；

（3）单分子层沉积，再形核长大。

8.3.2　蒸发镀膜系统

蒸发镀膜系统如图 8-3 所示。将蒸发材料放在坩埚内，坩埚放置在高真空腔体中，通过高压灯丝发射电子，电子通过磁场偏转轰击到坩埚内的蒸镀材料表面，对蒸镀材料进行加热，电子束蒸发源的能量可高度集中，使镀膜材料局部达到高温而蒸发，实现蒸发镀膜。根据不同材料的性质分为固态升华和液态蒸发，整个蒸发过程是物理过程，实现物质从源到薄膜的转移。装有蒸发材料的坩埚周围有冷却系统，避免坩埚内壁与蒸发材料发生反应影响薄膜质量。通过调节电子束的功率，可以方便地控制镀膜材料的蒸发速率，特别适用于高熔点以及高纯金属材料，通过膜厚测量系统可实时精确测量蒸发速率和薄膜厚度。该设备可制备高纯薄膜，是微纳结构制备中不可缺少的工艺设备。

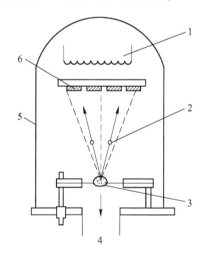

图 8-3　蒸发镀膜系统
1—加热器；2—蒸发物质；3—坩埚（蒸发源）；
4—真空系统；5—真空罩；6—基片

8.3.3　蒸发源

根据蒸发源种类，可以分为电阻加热蒸镀和电子束加热蒸镀。

（1）电阻加热蒸镀。加热器材料常使用钨、钼、钽等高熔点金属，按照蒸发材料的不同，可制成丝状、带状和板状。

（2）电子束加热蒸镀。利用电子束加热可以使钨（熔点 3380℃）、钼（熔点 2610℃）和钽（熔点 3100℃）等高熔点金属熔化。

蒸镀只适用于镀制对结合强度要求不高的某些功能膜，例如用作电极的导电膜、光学透镜的反射膜、光学镜头用的增透膜等及装饰用的金膜、银膜。

8.4 溅射镀膜

8.4.1 溅射镀膜的原理

溅射镀膜是指在真空室中，利用荷能粒子轰击镀料表面，使被轰击出的粒子在基片上沉积的技术。溅射镀膜原理见图 8-4。溅射下来的材料原子具有 $10 \sim 35eV$ 的动能，远大于蒸镀时的原子动能，所以溅射膜的结合强度高于蒸镀膜。

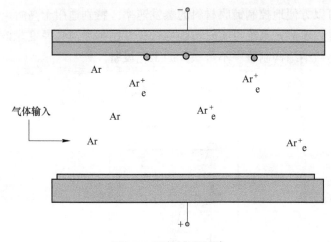

图 8-4 溅射镀膜原理

8.4.2 溅射镀膜方法

8.4.2.1 直流二极溅射

二级溅射装置如图 8-5 所示。阴极上接 $1 \sim 3kV$ 的直流负高压，阳极通常接地。

优点：结构简单，控制方便。

缺点：因工作压力较高膜层有沾污；沉积速率低，不能镀 $10\mu m$ 以上的膜厚；由于大量二次电子直接轰击基片使基片温升过高。

8.4.2.2 三极和四极溅射

三极溅射是在二极溅射的装置上附加一个电极，使放出热电子强化放电，它既能使溅射速率有所提高，又能使溅射工况的控制更为方便。

四极溅射这种溅射方法还是不能抑制由靶产生的高速电子对基片的轰击，还存在因灯丝具有不纯物而使膜层沾污等问题。

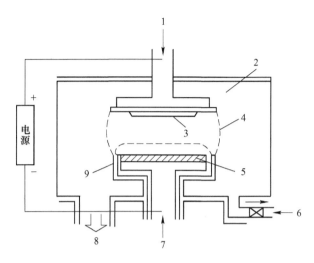

图 8-5 二级溅射装置

1—水冷；2—1.33~13.3 Pa；3—基板；4—等离子体；5—靶；

6—气体；7—水冷；8—扩散泵；9—屏蔽

8.4.2.3 磁控溅射

磁控溅射是 20 世纪 70 年代迅速发展起来的一种新型溅射技术，目前已在工业生产中实际应用。

磁控溅射的镀膜速率与二极溅射相比提高了一个数量级，它具有高速、低温、低损伤等优点。其中高速是指沉积速率快；低温和低损伤是指基片的温升低、对膜层的损伤小。

磁控溅射原理：磁控溅射如图 8-6 所示。在阴极靶面上建立一个平行的磁场，使靶放出的高速电子转向，从而减小了电子冲击基板发热的影响，在 133Pa

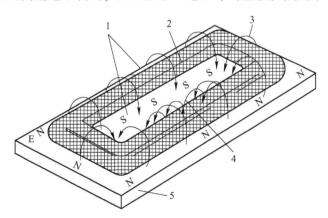

图 8-6 平面磁控溅射靶

1—磁极；2—刻蚀区；3—磁力线；4—电子；5—阴极

的低压下，基本温度在100℃就可成膜。

能量较低的二次电子在靠近靶的封闭等离子体中作循环运动，路程足够长，每个电子使原子电离的机会增加，而且只有在电子的能量耗尽以后才能脱离靶表面落在阳极（基片）上，这是基片温升低、损伤小的主要原因。

高密度等离子体被电磁场束缚在靶面附近，不与基片接触。这样电离产生的正离子能十分有效地轰击靶面，基片又免受等离子体的轰击。电子与气体原子的碰撞几率高，因此气体离化率大大增加。

8.4.2.4 离子束溅射

离子束溅射是采用单独的离子源产生用于轰击靶材的离子，独立控制轰击离子的能量和束流密度，基片不接触等离子体，这些都有利于控制膜层质量。

此外，离子束溅射是在真空度比磁控溅射更高的条件下进行的，这有利于降低膜层中的杂质气体的含量；但是离子束溅射镀膜速度太低，也不适合镀大面积工件。离子束溅射系统如图8-7所示。

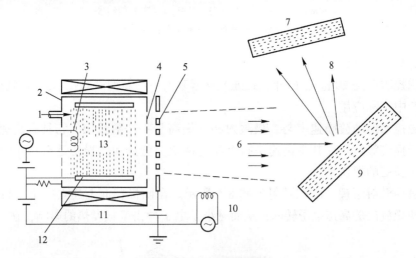

图 8-7 离子束溅射系统

1—气体；2—离子源；3—阴极灯丝；4—屏壁；5—加速栅；6—离子束；7—基片；
8—溅射通量；9—靶；10—中和器；11—磁场线圈；12—阳极；13—等离子体

在物理气相沉积的各类技术中，溅射最容易控制合金膜的成分。

镀制合金膜可以采用多靶共溅射，这时控制各个磁控靶的溅射参数，可以得到一定成分的合金膜。如果直接采用合金靶（单靶）进行溅射；则不必采用任何控制措施，就可以得到与靶材成分相对一致的合金膜。

化合物膜的镀制可选用化合物靶溅射和反应溅射。许多化合物是导电材料，其电导率有的甚至与金属材料相当，这时可以采用化合物靶进行直流溅射。对于绝缘材料化合物，则只能采用射频溅射。

溅射薄膜按其不同的功能和应用可大致分为机械功能膜和物理功能膜两大类，前者包括耐磨、减摩、耐热、抗蚀等表面强化薄膜材料、固体润滑薄膜材料；后者包括电、磁、声、光等功能薄膜材料等。在高温、低温、超高真空、射线辐照等特殊条件下工作的机械部件不能用润滑油，只能用软金属或层状物质等固体润滑剂，其中溅射法制取 MoS_2 膜及聚四氟乙烯膜十分有效。

8.5 离 子 镀 膜

8.5.1 离子镀膜的背景

离子镀膜技术（简称离子镀），是在真空蒸发和真空溅射技术基础上发展起来的一种新的镀膜技术。在真空条件下，应用气体放电实现镀膜，即在真空室中使气体或被蒸发物质电离，在气体离子或蒸发物质离子的轰击下，将蒸发物或其反应产物蒸镀在基片上。

离子镀把辉光放电、等离子体技术与真空蒸发技术结合在一起，不但显著提高了淀积薄膜的各种性能，而且大大扩展了镀膜技术的应用范围。与蒸发镀膜和溅射镀膜相比较，除具有二者的特点外，还具有膜层的附着力强、绕射性好、可镀材料广泛等一系列优点，因此受到人们的重视，在国内外得到迅速的发展。

在航空航天工业中，各种飞机、导弹、卫星、飞船的零部件经常在复杂而有害的条件下工作。以飞机为例，机翼、机身的外皮以及起落架等外表零部件，均受大气、水分、灰尘以及燃料燃烧生成物中所含的化学活性气体的直接腐蚀。水上飞机的外表部分，特别是机体和浮筒，经常受到海水、湖水或河水的侵蚀。航空发动机的燃烧室、涡轮零件及气缸活塞零件，也经常受到高温和含酸及其他活性物质的燃气气流的氧化。还有诸如航空轴承、微型输电装置、精密齿轮、电位计等一类仪表元件，也经常受到不同程度的摩擦磨损。要使上述各种零部件能够适应耐温、防蚀、耐磨等严苛要求，单纯从零件的结构或材料上想办法，往往是不够的。当前使用最广泛的办法之一就是采用表面镀膜的方法来保护零部件的基体，使其满足上述要求。这正如人们根据不同环境条件穿上不同的衣衫一样，根据需要给零件镀上一层耐热、防腐或耐磨的镀层。

8.5.2 离子镀的原理及特点

离子镀就是在镀膜的同时，采用带能离子轰击基片表面和膜层的镀膜技术。离子轰击的目的在于改善膜层的性能，离子镀是镀膜与离子轰击改性同时进行的镀膜过程。

无论是蒸镀还是溅射都可以发展成为离子镀。

在磁控溅射时，将基片与真空室绝缘，再加上数百伏的负偏压，即用能量为100eV 量级的离子向基片轰击，从而实现离子镀。

离子镀也可以在蒸镀的基础上实现，例如在真空室内通入 1Pa 量级的氩气后，在基片上加上1000V 以上的负偏压，即可产生辉光放电，并有能量为数百电子伏的离子轰击基片。离子束溅射系统见图 8-8。

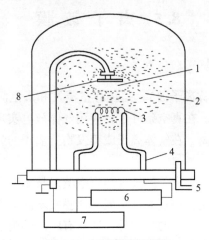

图 8-8 离子束溅射系统
1—阴极暗区；2—放电区域；3—蒸发用灯丝正极；4—绝缘体；5—进气管；
6—灯丝电源；7—直流高压电源；8—衬底阴极

对于真空蒸镀、溅射、离子镀三种不同的镀膜技术，入射到基片上的每个沉积粒子所带的能量是不同的：热蒸镀原子大约 0.2eV，溅射原子大约 1~50eV，而离子镀中轰击离子大概有几百到几千电子伏。

离子轰击对基片表面有清洗作用，另外还能促进形成共混的过渡层。如果离子轰击的热效应足以使界面处产生扩散层，形成冶金结合，则更有利于提高结合强度。

蒸镀的膜层其残余应力为拉应力，而离子轰击产生压应力，可以抵消一部分拉应力。离子轰击可以提高镀料原子在膜层表面的迁移率，这有利于获得致密的膜层。

如果离子能量过高会使基片温度升高，使镀料原子向基片内部扩散，这时获得的就不再是膜层而是渗层，离子镀就转化为离子渗镀。离子渗镀的离子能量为1000eV 左右。

与蒸发和溅射相比，离子镀特点如下：

（1）膜层附着力强；

（2）膜层组织致密，耐蚀性好；

（3）具有绕镀性能，能够在形状复杂的零件表面镀膜；

（4）可用来制备各种材料的薄膜，特别是可采用反应离子镀制备各种化合物薄膜；

（5）成膜速率高，可与蒸发镀膜的速率相当；且可镀厚膜（达30μm）。

8.5.3 常用离子镀方法

8.5.3.1 空心阴极离子镀

空心阴极离子镀（HCD）法是利用空心热阴极放电产生等离子体，其装置如图8-9所示。

空心钽管作为阴极，辅助阳极距阴极较近，二者作为引燃弧光放电的两极。阳极是镀料。

弧光放电时，电子轰击阳极镀料，使其熔化而实现蒸镀。基片加上负偏压，使蒸发原子离化，阳离子在负偏压的作用下飞向基片，实现离子镀。

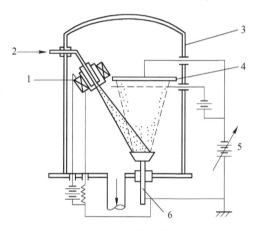

图 8-9 HCD 离子束装置

1—HCD 枪；2—氩气；3—钟罩；4—工件；5—高压水枪；6—水冷铜坩埚

8.5.3.2 多弧离子镀

多弧离子镀是采用电弧放电的方法，在固体的阴极靶材上直接蒸发金属，电流密度可达 $105\sim107A/cm^2$，使金属蒸发并由于电弧放电中电子的冲击使蒸发到弧柱的金属电离成等离子状态，并在负压的基体上沉积。

多弧离子镀装置如图8-10所示。这种装置不需要熔池，阴极靶可根据工件形状在任意方向布置。入射粒子能量高，膜的致密度高，强度好，膜基界面产生原子扩散，结合强度高，离化率高，一般可达60%～80%。突出优点是蒸镀速率快，TiN膜可达 10～1000nm/s。以喷射蒸发的方式成膜，可以保证膜层成分与靶材一致，这是其他蒸镀技术所做不到的。

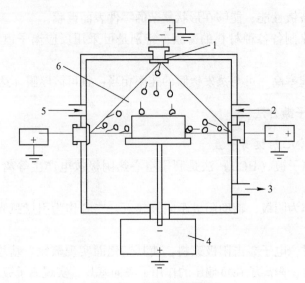

图 8-10　多弧离子镀装置

1—蒸发源；2—中性气体；3—真空泵；4—电源；5—中性气体；6—等离子体

8.5.4　离子轰击

8.5.4.1　离化率

离子镀膜区别于普通真空蒸发的许多特性均与离子、高速中性粒子参与镀膜过程有关。而且，在离子镀的整个过程中都存在着离子轰击。

离化率是指被电离的原子数占全部蒸发原子数的百分比例。离化率是衡量离子镀特性的一个重要指标。特别在反应离子镀中更为重要，因为它是衡量活化程度的主要参量。被蒸发原子和反应气体的离化程度对薄膜的各种性质都能产生直接影响。表 8-1 总结了不同镀膜工艺的表面能量活性系数。

表 8-1　不同镀膜工艺的表面能量活性系数

镀膜工艺	能量活性系数	参　　数	
真空蒸发	1	蒸发粒子所具有的能量 $Ev \cong 0.2eV$	
溅射	5~10	溅射粒子所具有的能量 $Es \cong 1{\sim}10eV$	
离子镀	—	离化率	平均加速电压/V
	1.2	10^{-3}	—
	3.5	$10^{-2} \sim 10^{-4}$	50~5000
	25	$10^{-1} \sim 10^{-3}$	50~5000
	250	$10^{-1} \sim 10^{-2}$	500~5000
	2500	$10^{-1} \sim 10^{-2}$	500~5000

能量活性系数与加速电压的关系，在很大程度上受离化率的限制。为了提高离子镀活性系数，通常可通过提高离子镀装置的离化率来实现。

8.5.4.2 溅射清洗

溅射清洗可以理解为在薄膜沉积之前的离子轰击，这一过程对基片表面的作用有以下几点：

（1）对基片表面溅射清洗作用。此作用可有效地清除基片表面所吸附的气体、各种污染物和氧化物。如入射离子能量高、活性大，还可与基片物质发生化学反应乃至发生化学溅射。

（2）在基片表面产生缺陷和位错网。若入射粒子传递给靶材原子的能量超过靶原子发生离位的最低能量（约为 25eV）时，晶格原子将会离位并迁移到晶格的间隙位置上去，从而形成空位、间隙原子和热激励（短时间微区的高温化）。轰击粒子将大部分能量传递给基片使其发热，增加沉积原子在基片表面扩散的能力，某些缺陷也可以发生迁移、聚集成位错网（轰击过的表面尽管有缺陷的聚集，但仍将有大量的点缺陷在表面层留下来）。

（3）破坏基片表面结晶结构。若离子轰击产生的缺陷是很稳定的，则表面的晶体结构就会被破坏而变成非晶态结构（同时气体的掺入也会破坏表面的结晶结构）。

（4）基片表面气体掺入。低能离子轰击会造成气体掺入基片表面以及已沉积的膜之中。不溶性气体的掺入能力决定于迁移率、捕获位置、基片温度及沉积粒子的能量大小。一般，非晶材料捕集气体能力比晶体材料强。

（5）使基片表面成分变化。由于系统内各成分的溅射率不同，会造成表面成分与整体成分不同。

（6）使基片表面形貌变化。表面经受离子轰击后，晶体和非晶体基片的表面形貌都将会发生很大的变化，使表面粗糙度增大，并改变溅射率。

8.5.4.3 粒子轰击对薄膜生长的影响

在离子镀时，一方面有镀材粒子淀积到基片上，另一方面由于高能离子轰击表面，使一些粒子溅射出来。当沉积的速率大于溅射时，薄膜就会增厚。离子镀是一特殊的沉积与溅射的综合过程。

粒子轰击对薄膜生长的影响主要有：

（1）使膜基界面具有许多特点。

1）在溅射与沉积混杂的基础上，由于蒸发粒子不断增加，在膜基界面形成"伪扩散层"。这是膜基界面存在基片元素和蒸发膜材元素的物理混合现象，即在基片与薄膜的界面处形成一定厚度的组分过渡层。这种过渡层，可以使基片和膜层材料的不匹配性分散在一个较宽的厚度区域内，从而缓和了这种不匹配程度。对提高膜基界面的附着强度十分有利。

2）离子轰击使基片表面形貌受到破坏，可能比未破坏的表面提供更多的成核位置，成核密度较高。由于这种特有的微观结构（形貌粗糙、缺陷密度高），加之表面沾污物的清除以及阻碍扩散和反应成核的障碍层的破坏，也将为沉积的粒子提供良好的核生长条件。

3）膜料粒子注入表面也可成为成核位置。较高的成核密度对于减少基片与膜层界面的空隙十分有利。这也是离子镀具有良好附着力的原因之一。

（2）对薄膜的形态和结晶组分等有影响。

在蒸发镀膜中由于几何阴影效应，使沉积膜呈柱状结构，导致岛沟的出现。而离子镀膜时，由于离子的轰击作用，使岛上的粒子向岛沟转移，能消除柱状结晶，减轻阴影效应。

（3）对薄膜内应力有影响。

薄膜内应力受离子轰击的影响也很明显。内应力是由那些尚未处于最低能量状态的原子所产生的。离子的轰击一方面迫使一部分原子离开平衡位置而处于一种较高的能量状态，从而引起内应力的增加；另一方面，离子轰击使基片表面所产生的自加热效应又有利于原子的扩散。

因此，恰当地利用离子轰击的热效应或适当地进行外部加热，可使内应力减小，同时也对提高膜层组织的结晶性能有利。通常，蒸发薄膜具有张应力；溅射沉积的薄膜具有压应力；离子镀薄膜也具有压应力。

9 化学气相沉积

9.1 概 述

9.1.1 化学气相沉积法的定义

化学气相沉积（chemical vapor deposition，CVD）是反应物质在气态条件下发生化学反应，生成固态物质沉积在加热的固态基体表面，进而制得固体材料的工艺技术。它本质上属于原子范畴的气态传质过程，与之相对的是物理气相沉积（PVD）。

化学气相沉积是一种制备材料的气相生长方法，它是把一种或几种含有构成薄膜元素的化合物、单质气体通入放置有基材的反应室，借助空间气相化学反应在基体表面上沉积固态薄膜的工艺技术。

9.1.2 化学气相沉积法技术背景

化学气相沉积法是传统的制备薄膜的技术，其原理是利用气态的先驱反应物，通过原子、分子间化学反应，使得气态前驱体中的某些成分分解，而在基体上形成薄膜。化学气相沉积包括常压化学气相沉积、等离子体辅助化学沉积、激光辅助化学沉积、金属有机化合物沉积等。

反应室中的反应是很复杂的，有很多必须考虑的因素，沉积参数的变化范围是很宽的，反应室内的压力、晶片的温度、气体的流动速率、气体通过晶片的路程、气体的化学成分、一种气体相对于另一种气体的比率、反应的中间产物起的作用，以及是否需要其他反应室外的外部能量来源加速或诱发想得到的反应等。额外能量来源诸如等离子体能量，当然会产生一整套新参数，如离子与中性气流的比率、离子能和晶片上的射频偏压等。然后，考虑沉积薄膜中的变数：如在整个晶片内厚度的均匀性和在图形上的覆盖特性（后者指跨图形台阶的覆盖）、薄膜的化学配比（化学成分和分布状态）、结晶晶向和缺陷密度等。当然，沉积速率也是一个重要的因素，因为它决定着反应室的产出量，高的沉积速率常常要与薄膜的高质量折中考虑。反应生成的膜不仅会沉积在晶片上，也会沉积在反应室的其他部件上，对反应室进行清洗的次数和彻底程度也是很重要的。

9.1.3　化学气相沉积法分类

CVD 技术常常通过反应类型或者压力来分类，包括低压 CVD（LPCVD）、常压 CVD（APCVD）、亚常压 CVD（SACVD）、超高真空 CVD（UHCVD）、等离子体增强 CVD（PECVD）、高密度等离子体 CVD（HDPCVD）以及快热 CVD（RTCVD）。还有金属有机物 CVD（MOCVD），根据金属源的自特性来保证其分类，这些金属有机物的典型状态是液态，在导入容器之前必须先将其气化。容易引起混淆的是，有些人会把 MOCVD 认为是有机金属 CVD（OMCVD）。

过去对 LPCVD 和 APCVD 最常使用的反应室是一个简单的管式炉结构，即使在今天，管式炉也还广泛地应用于沉积诸如 Si_3N_4 和 SiO_2 之类的基础薄膜。氧气中有硅元素存在将会最终形成高质量的 SiO_2，但这会大量消耗硅元素；通过硅烷和氧气反应也可能沉积出 SiO_2，这两种方法均可以在管式炉中进行。

最近，单片淀积工艺推动产生了新的 CVD 反应室结构。这些新的结构中绝大多数都使用了等离子体，其中一部分是为了加快反应过程，也有一些系统外加一个按钮，以控制淀积膜的质量。在 PECVD 和 HDPCVD 系统中，通过调节能量，偏压以及其他参数，可以同时有沉积和刻蚀反应的功能。通过调整淀积——刻蚀的比率，有可能得到一个很好的缝隙填充工艺。

9.1.4　化学气相沉积法特点

化学气相沉积法有以下特点：

（1）在中温或高温下，通过气态的初始化合物之间的气相化学反应而形成固体物质沉积在基体上；

（2）可以在常压或者真空条件下负压进行沉积，通常真空沉积膜层质量较好；

（3）采用等离子和激光辅助技术可以显著地促进化学反应，使沉积可在较低的温度下进行；

（4）涂层的化学成分可以随气相组成的改变而变化，从而获得梯度沉积物或者得到混合镀层；

（5）可以控制涂层的密度和纯度；

（6）绕镀性能好。可在复杂形状的基体上以及颗粒材料上镀膜。适合涂覆各种复杂形状的工件。由于其绕镀性能好，所以可涂覆带有槽、沟、孔，甚至是盲孔的工件；

（7）气流条件通常是层流的，在基体表面形成厚的边界层；

（8）沉积层通常具有柱状晶体结构，不耐弯曲，但可通过各种技术对化学反应进行气相扰动，以改善其结构；

（9）可以通过各种反应形成多种金属、合金、陶瓷和化合物涂层。

9.1.5 化学气相沉积的过程

化学气相沉积过程的基本步骤与物理气相沉积不同的是，沉积粒子来源于化合物的气相分解反应。其过程为在相当高的温度下，混合气体与基体的表面相互作用，使混合气体中的某些成分分解，并在基体上形成一种金属或化合物的固态薄膜或镀层。

CVD 的过程即混合气体与基体的表面相互作用，使混合气体中的某些成分分解，并在基体上形成一种金属或化合物的固态薄膜或镀层。通常 CVD 的反应温度大约 $900 \sim 2000℃$。

中温 CVD（MTCVD）的典型反应温度大约 $500 \sim 800℃$，通常是通过金属有机化合物在较低温度的分解来实现的，所以又称金属有机化合物 CVD（MOCVD）。

等离子体增强 CVD（PCVD）以及激光 CVD（LCVD）中气相化学反应，由于等离子体的产生或激光的辐照也可以把反应温度降低。

由于传统的 CVD 沉积温度大约在 $800℃$ 以上，所以必须选择合适的基体材料。对于耐磨硬镀层一般采用难熔的硼化物、碳化物、氮化物和氧化物。在耐磨镀层中，用于金属切削的刀具占主要地位。满足这些要求的镀层包括 TiC、TiN、Al_2O_3、TaC、HfN 和 TiB_2 以及它们的组合。除刀具外，CVD 镀层还可用于其他承受摩擦磨损的设备，如泥浆传输设备、煤的气化设备和矿井设备等。

9.2　化学气相沉积的基本原理

化学气相沉积是利用气态物质通过化学反应在基片表面形成固态薄膜的一种成膜技术。CVD 反应是指反应物为气体而生成物之一为固体的化学反应。CVD 完全不同于物理气相沉积（PVD）。CVD 法实际上很早就有应用，用于材料精制、装饰涂层、耐氧化涂层、耐腐蚀涂层等；在电子学方面 PVD 法用于制作半导体电极等。

CVD 法一开始用于硅、锗精制，随后用于适合外延生长法制作的材料。表面保护膜一开始只限于氧化膜、氮化膜等，之后添加了由Ⅲ、Ⅴ族元素构成的新的氧化膜，最近还开发了金属膜、硅化物膜等。以上这些薄膜的 CVD 制备法为人们所注意。CVD 法制作的多晶硅膜在器件上得到广泛应用，这是 CVD 法最有效的应用场所。

9.2.1 CVD 的化学反应热力学

按热力学原理，化学反应的自由能变化 ΔG_r 可以用反应物和生成物的标准自由能 ΔG_f 来计算，即

$$\Delta G_r = \sum \Delta G_f(生成物) - \sum \Delta G_f(反应物) \tag{9-1}$$

CVD 热力学分析的主要目的是预测某些特定条件下某些 CVD 反应的可行性（化学反应的方向和限度）。

在温度、压强和反应物浓度给定的条件下，热力学计算能从理论上给出沉积薄膜的量和所有气体的分压，但是不能给出沉积速率。

热力学分析可作为确定 CVD 工艺参数的参考。

ΔG_r 与反应系统的化学平衡常数 K_p 有关。

$$\Delta G_r = -2.3RT/\log K_p \tag{9-2}$$

$$K_p = \prod_{i=1}^{n} P_i(生成物) / \prod_{j=1}^{m} P_j(反应物) \tag{9-3}$$

反应方向判据：$\Delta G_r < 0$，可以确定反应温度。

平衡常数 K_p 的意义：

（1）用来计算理论转化率。

（2）用于分析计算总压强、配料比对反应的影响，即

$$P_i = \frac{n_i}{\sum n_i} P \tag{9-4}$$

通过平衡常数可以确定系统的热力学平衡问题。

9.2.2 CVD 的化学反应动力学

反应动力学是一个把反应热力学预言变为现实，使反应实际进行的问题。它是研究化学反应的速度和各种因素对其影响的科学。

CVD 反应动力学分析的基本任务是通过实验研究薄膜的生长速率，确定过程速率的控制机制，以便进一步调整工艺参数，获得高质量、厚度均匀的薄膜。

反应速率 τ 是指在反应系统的单位体积中，物质（反应物或产物）随时间的变化率。

Van't Hoff 规则：反应温度每升高 10℃，反应速率大约增加 2~4 倍。这是一个近似的经验规则。

Arrhenius 方程：

$$\tau = Ae^{-\frac{\Delta E}{RT}} \tag{9-5}$$

式中 A——有效碰撞的频率因子；

ΔE——活化能。

在较低衬底温度下，τ 随温度按指数规律变化；在较高衬底温度下，反应物及副产物的扩散速率为决定反应速率的主要因素。

9.2.3 常见的 CVD 反应类型

CVD 法制备薄膜的制备过程可以分为四个阶段，即

（1）反应气体向基片表面扩散；

（2）反应气体吸附于基片表面；

（3）在基片表面发生化学反应；

（4）在基片表面产生的气相副产物脱离表面，向空间扩散或被抽气系统抽走；基片表面留下不挥发的固相反应产物——薄膜。

CVD 基本原理涉及反应化学、热力学、动力学、输运过程、薄膜成核与生长、反应器工程等学科领域。

（1）热分解反应（吸热反应）。

该方法在简单的单温区炉中，在真空或惰性气体保护下加热基体至所需温度后，导入反应物气体使之发生热分解，最后在基体上沉积出固体图层。

通式：

$$AB(g) \xrightarrow{Q} A(s) + B(g)$$

主要问题是源物质的选择（固相产物与薄膜材料相同）和确定分解温度。

1）氢化物：

$$SiH_4 \xrightarrow{700 \sim 1000℃} Si + 2H_2 \uparrow$$

H—H 键能小，热分解温度低，产物无腐蚀性。

2）金属有机化合物：

$$2Al(OC_3H_7)_3 \xrightarrow{420℃} Al_2O_3 + 6C_3H_6 + 3H_2O \uparrow$$

M—C 键能小于 C—C 键，广泛用于沉积金属和氧化物薄膜。金属有机化合物的分解温度非常低，扩大了基片选择范围以及避免了基片变形问题。

3）氢化物和金属有机化合物系统：

$$Ga(CH_3)_3 + AsH_3 \xrightarrow{630 \sim 675℃} GaAs + 3CH_4 \uparrow$$

$$Cd(CH_3)_2 + H_2S \xrightarrow{475℃} GdS + 2CH_4 \uparrow$$

广泛用于制备化合物半导体薄膜。

4）其他气态络合物、复合物：

羰基化合物：

$$Pt(CO)_2Cl_2 \xrightarrow{600℃} Pt + 2CO \uparrow + Cl_2 \uparrow$$

$$Ni(CO)_4 \xrightarrow{140 \sim 240℃} Ni + 4CO \uparrow$$

单氨络合物：

$$AlCl_3 \cdot NH_3 \xrightarrow{800 \sim 1000℃} AlN + 3HCl \uparrow$$

（2）化学合成反应。化学合成反应是指两种或两种以上的气态反应物在热基片上发生的相互反应。

1）最常用的是氢气还原卤化物来制备各种金属或半导体薄膜；

2）选用合适的氢化物、卤化物或金属有机化合物来制备各种介质薄膜。

化学合成反应法比热分解法的应用范围更加广泛，该反应法可以制备单晶、多晶和非晶薄膜。容易进行掺杂。

$$SiCl_4 + 2H_2 \xrightarrow{1150 \sim 1200℃} Si + 4HCl$$

$$SiH_4 + 2O_2 \xrightarrow{325 \sim 475℃} SiO_2 + 2H_2O \uparrow$$

$$Al(CH_3)_6 + 12O_2 \xrightarrow{450℃} Al_2O_3 + 9H_2O \uparrow + 6CO_2 \uparrow$$

$$3SiH_4 + 4NH_3 \xrightarrow{750℃} Si_3N_4 + 12H_2 \uparrow$$

$$3SiCl_4 + 4NH_3 \xrightarrow{850 \sim 900℃} Si_3N_4 + 12HCl \uparrow$$

$$SiH_4 + B_2H_6 + 5O_2 \xrightarrow{350 \sim 500℃} B_2O_3 \cdot SiO_2(硼硅玻璃) + 5H_2O \uparrow$$

（3）化学输运反应。将薄膜物质作为源物质（无挥发性物质），借助适当的气体介质与之反应而形成气态化合物，这种气态化合物经过化学迁移或物理输运到与源区温度不同的沉积区，在基片上再通过逆反应使源物质重新分解出来，这种反应过程称为化学输运反应。

设源为 A，输运剂为 B，输运反应通式为：

$$A + xB = AB_x \tag{9-6}$$

$$K_p = \frac{P_{AB_x}}{(P_B)^x} \tag{9-7}$$

化学输运反应条件：

1）$\Delta T = T_1 - T_2$ 不能太大；

2）平衡常数 K_p 接近于 1。

化学输运反应判据：$\Delta G_r < 0$

根据热力学分析可以指导选择化学反应系统，估计输运温度。

首先确定 $\lg K_p$ 与温度的关系，选择 $\lg K_p \approx 0$ 的反应体系。$\lg K_p$ 大于 0 的温度 T_1；$\lg K_p$ 小于 0 的温度为 T_2。

根据以上分析，确定合适的温度梯度。

9.2.4 化学气相沉积的特点

根据沉积原理，化学气相沉积的优点如下：

（1）既可制作金属、非金属薄膜，又可制作多组分合金薄膜；

（2）成膜速率高于 LPE 和 MBE；

（3）CVD 反应可在常压或低真空进行，绕射性能好；

（4）薄膜纯度高、致密性好、残余应力小、结晶良好；

（5）薄膜生长温度低于材料的熔点；

（6）薄膜表面平滑；

（7）辐射损伤小。

化学气相沉积的缺点如下：

（1）参与沉积的反应源和反应后的气体易燃、易爆或有毒，需环保措施，有时还有防腐蚀要求；

（2）反应温度还是太高，尽管低于物质的熔点；温度高于 PVD 技术，应用中受到一定限制；

（3）对基片进行局部表面镀膜时很困难，不如 PVD 方便。

9.3　化学气相沉积法的应用

现代科学和技术需要使用大量功能各异的无机新材料，这些功能材料必须是高纯的，或者是在高纯材料中有意地掺入某种杂质形成的掺杂材料。但是，人们过去所熟悉的许多制备方法如高温熔炼、水溶液中沉淀和结晶等往往难以满足这些要求，也难以保证得到高纯度的产品。因此，无机新材料的合成就成为现代材料科学中的研究重点。

化学气相沉积是近几十年发展起来的制备无机材料的新技术。化学气相沉积法已经广泛用于提纯物质、研制新晶体、淀积各种单晶、多晶或玻璃态无机薄膜材料。这些材料可以是氧化物、硫化物、氮化物、碳化物，也可以是Ⅲ-Ⅴ、Ⅱ-Ⅳ、Ⅳ-Ⅵ族中的二元或多元的元素间化合物，而且它们的物理功能可以通过气相掺杂的沉积过程精确控制。目前，化学气相沉积已成为无机合成化学的一个新领域。

9.3.1　化学气相沉积法制备石墨烯

化学气相沉积（CVD）法是近年发展起来的制备石墨烯的新方法，具有产物质量高、生长面积大等优点，逐渐成为制备高质量石墨烯的主要方法。石墨烯是由单层碳原子紧密堆积成的二维蜂窝状结构，是构成其他维数碳材料的基本结构单元。

化学气相沉积法制备石墨烯早在20世纪70年代就有报道，当时主要采用单晶Ni作为基体，但所制备出的石墨烯主要采用表面科学的方法表征，其质量和连续性等都不清楚。随后，人们采用单晶等基体，在低压和超高真空中也实现了石墨烯的制备，但直到2009年初与韩国成均馆大学利用沉积有多晶Ni膜的硅片作为基体制备出大面积少层石墨烯，并将石墨烯成功地从基体上完整地转移下来，从而掀起了化学气相沉积法制备石墨烯的热潮。

石墨烯的CVD生长主要涉及三个方面：碳源，生长基体和生长条件，气压、载气、温度等。

石墨烯的CVD法制备最早采用多晶Ni膜作为生长基体，麻省理工学院的J. Kong研究组，通过电子束沉积的方法，在硅片表面沉积500nm的多晶Ni膜作为生长基体，利用CH_4为碳源，氢气为载气的CVD法生长石墨烯，生长温度为900~1000℃。韩国的B. H. Hong研究组，采用类似的CVD法生长石墨烯：生长基体为电子束沉积的300nm的Ni膜，碳源为CH_4，生长温度为1000℃，载气为氢气和氩气的混合气。采用该生长条件制备的石墨烯的形貌图，由于Ni生长石墨烯遵循渗碳析碳生长机制，因此所得石墨烯的层数分布很大程度上取决于降温速率。采用Ni膜作为基体生长石墨烯具有以下特点：石墨烯的晶粒尺寸较小，层数不均一且难以控制，在晶界处往往存在较厚的石墨烯，少层石墨烯呈无序堆叠。此外，由于Ni与石墨烯的热膨胀率相差较大，因此降温造成石墨烯的表面含有大量褶皱。

9.3.2 化学气相沉积法制备薄膜

化学气相沉积法是通过气相或者在基板表面上的化学反应，在基板上形成薄膜。用化学气相沉积法可以制备各种薄膜材料。选用适合的CVD装置，采用各种反应形式，选择适当的制备条件可以得到具有各种性质的薄膜材料。一般来说，化学气相沉积方法更适合于半导体薄膜材料的制备。用化学气相沉积方法制备薄膜材料时，为了合成出优质的薄膜材料，必须控制好反应气体组成、工作气压、基板温度、气体流量以及原料气体的纯度等。

9.4 物理化学气相沉积法

9.4.1 物理化学气相沉积法基本定义

物理化学气相沉积法（physical chemical vapor deposition，PCVD）主要是利用产生等离子体的物理方法增强化学反应的沉积，降低沉积温度，获得膜层的方法。物理化学气相沉积法是常规CVD技术的发展。它用在相当低的温度下能分解金属有机化合物作初始反应物。

物理化学气相沉积法技术是在高频或直流电场作用下，源气体电离形成等离子体，利用低温等离子体作为能量源，通入适量的反应气体，利用等离子体放电，使反应气体激活并实现化学气相沉积的技术。即是一种用等离子体激活反应气体，促进在基体表面或近表面空间进行化学反应，生成固态膜的技术。

物理化学气相沉积法的工作原理如图 9-1 所示。工件置于阴极上，利用辉光放电或外热源使工件升到一定温度后，与 CVD 法相似，通入适量的反应气，经过和等离子体反应生成沉积薄膜。由于存在辉光放电过程，气体剧烈电离而受到活化，这和 CVD 法的气体单纯受热激活不同，所以反应温度可以大大下降。

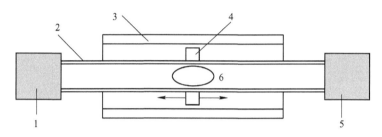

图 9-1 物理化学气相沉积法的工作原理
1—供气系统；2—管道；3—炉子；
4—微波反应器；5—泵部分；6—等离子体

物理化学气相沉积时，基体可加热，亦可不加热。工艺过程包括气体放电、等离子体输运，气态物质激活及化学反应等。主要工艺参数有放电功率、基体温度、反应压力及源气体成分。主要特点是可显著降低反应温度，已用于多种薄膜材料的制备。

9.4.2 PCVD 与 CVD 法比较

在硬质合金表面作镀层时由于温度低，基体不易脱碳，镀层下仍能保持基体中 WC 的含量，镀层后整体的横断强度下降不多，在切削过程中不易发生硬质合金刀头的折断。

PCVD 法要求的真空度比 PVD 低，设备成本也比 PVD 法和 CVD 法的低。

PCVD 法的结合强度比 PVD 法好，镀后刀具的色泽和 PVD 的金黄色相似，因此在一定程度上取代了 PVD 法和 CVD 法，有着良好的发展前景。

10 溅 射

10.1 溅射覆膜基础

10.1.1 溅射覆膜的定义

溅射工艺是以一定能量的粒子（离子或中性原子、分子）轰击固体表面，使固体近表面的原子或分子获得足够大的能量而最终逸出固体表面的工艺。溅射只能在一定的真空状态下进行。

溅射工艺主要用于溅射刻蚀和溅射覆膜两个方面。

溅射刻蚀时，被刻蚀的材料置于靶极位置，受氩离子的轰击进行刻蚀。刻蚀速率与靶极材料的溅射产额、离子流密度和溅射室的真空度等因素有关。溅射刻蚀时，应尽可能从溅射室中除去溅出的靶极原子。通常是引入反应气体，使之溅出的靶极原子反应生成挥发性气体，通过真空系统从溅射室中排出。

溅射覆膜时，溅射源置于靶极，受氩离子轰击后发生溅射。如果靶材是单质的，则在衬底上生成靶极物质的单质薄膜；若在溅射室内有意识地引入反应气体，使之与溅出的靶材原子发生化学反应而沉积于衬底，便可形成靶极材料的化合物薄膜。通常，制取化合物或合金薄膜是用化合物或合金靶直接进行溅射。在溅射中，溅出的原子是与具有数千电子伏的高能离子交换能量后飞溅出来的，其能量较高，往往比蒸发原子高出 1~2 个数量级，因而用溅射法形成的薄膜与衬底的黏附性比蒸发更佳。若在溅射时衬底加适当的偏压，可以兼顾衬底的清洁处理，这对生成薄膜的台阶覆盖也有好处。

溅射覆膜广泛用于制备金属、合金、半导体、氧化物、绝缘介质，以及化合物半导体、碳化物、氮化物等薄膜。

10.1.2 溅射覆膜特点及分类

溅射覆膜的特点：

（1）任何物质都可以溅射，尤其是高熔点金属、低蒸气压元素和化合物；

（2）溅射薄膜与衬底的附着性好；

（3）溅射镀膜的密度高、针孔少，膜层纯度高；

（4）膜层厚度可控性和重复性好。

（5）溅射设备复杂，需要高压装置；

（6）成膜速率较低（0.01~0.5μm/min）。

近年来具有代表性的溅射覆膜方法有：

（1）平衡磁控溅射。平衡磁控溅射即传统的磁控溅射，是在阴极靶材背后放置芯部与外环磁场强度相等或相近的永磁体或电磁线圈，在靶材表面形成与电场方向垂直的磁场。沉积室充入一定量的工作气体（通常为 Ar），在高压作用下 Ar 原子电离成为 Ar 离子和电子，产生辉光放电，Ar 离子经电场加速轰击靶材，溅射出靶材原子、离子和二次电子等。电子在相互垂直的电磁场的作用下，以摆线方式运动，被束缚在靶材表面，延长了其在等离子体中的运动轨迹，增加其参与气体分子碰撞和电离的过程，电离出更多的离子，提高了气体的离化率，在较低的气体压力下也可维持放电，因而磁控溅射既降低溅射过程中的气体压力，也同时提高了溅射的效率和沉积速率。

（2）非平衡溅射。非平衡磁控溅射离子轰击在镀膜前可以起到清洗工件的氧化层和其他杂质，活化工件表面的作用，同时在工件表面上形成伪扩散层，有助于提高膜层与工件表面之间的结合力。在镀膜过程中，载能的带电粒子轰击作用可达到膜层的改性目的。比如，离子轰击倾向于从膜层上剥离结合较松散的和凸出部位的粒子，切断膜层结晶态或凝聚态的优势生长，从而生更致密、结合力更强、更均匀的膜层，并可以在较低的温度下镀出性能优良的镀层。

10.2 辉光放电溅射

辉光放电是在真空度约 0.1Pa 的稀薄气体中，两个电极之间在一定电压下产生的一种气体放电现象。

气体放电时，两电极之间的电压和电流的关系复杂，不能用欧姆定律描述。图 10-1 所示为直流辉光放电伏安特性曲线。

10.2.1 无光放电

由于射线产生的游离离子和电子在直流电压作用下运动形成电流，一般为 $10^{-16} \sim 10^{-14}$A。

自然游离的离子和电子是有限的，所以随电压增加，电流变化很小。

10.2.2 汤森放电区

随电压升高，电子运动速度逐渐加快，由于碰撞使气体分子开始产生电离，于是在伏安特性曲线出现汤森放电区。

无光放电和汤森放电区两种情况都以自然电离源为前提，且导电而不发光，因此称为非自持放电。

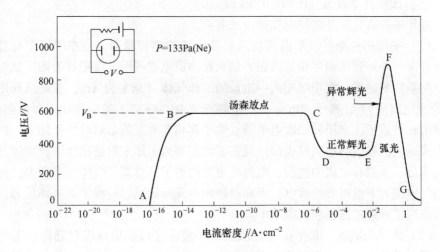

图 10-1　直流辉光放电伏安特性曲线

10.2.3　辉光放电

当放电容器两端电压进一步增大时，进入辉光放电区。具体表现如下：

（1）气体击穿；

（2）自持放电（电流密度范围 2~3 个数量级）；

（3）电流与电压无关（与辉光覆盖面积有关）；

（4）电流密度恒定；

（5）电流密度与阴极材料、气体压强和种类有关；

（6）电流密度不高（溅射选择非正常放电区）。

10.2.4　非正常辉光放电区

当轰击覆盖住整个阴极表面之后，进一步增加功率，放电电压和电流同时增加，进入非正常辉光放电。

特点：电流增大时，放电电极间电压升高，且阴极电压降与电流密度和气体压强有关。

阴极表面情况：此时辉光布满整个阴极，离子层已无法向四周扩散，正离子层向阴极靠拢，距离缩短。

此时若想提高电流密度，必须增加阴极压降，结果更多的正离子轰击阴极，更多的二次电子从阴极产生。

10.2.5 弧光放电区

异常辉光放电时，常有可能转变为弧光放电的危险。具体表现如下：

（1）极间电压陡降，电流突然增大，相当于极间短路；

（2）放电集中在阴极局部，常使阴极烧毁；

（3）损害电源。

10.2.6 正常辉光与异常辉光放电

在正常辉光放电区，阴极有效放电面积随电流增加而增大，从而使有效区内电流密度保持恒定。当整个阴极均成为有效放电区域后，只有增加阴极电流密度，才能增大电流，形成均匀而稳定的"异常辉光放电"，并均匀覆盖基片，这个放电区就是溅射区域。

溅射区：溅射电压 V，电流密度 j 和气体压强 P 遵守以下关系：

$$V = E + \frac{F\sqrt{j}}{P} \tag{10-1}$$

式中，E、F 为取决于电极材料、尺寸和气体种类的常数。

进入异常辉光放电区后，继续增加电压，有：

（1）更多的正离子轰击阴极产生大量的电子发射；

（2）产生阴极暗区收缩：

$$P \cdot d = A + \frac{BF}{V - E} \tag{10-2}$$

式中，d 为暗区宽度，A、B 为常数。

辉光放电阴极附近的分子状态如图 10-2 所示。

在克鲁克斯暗区周围形成的正离子冲击阴极；电压不变而改变电极间距时，主要发生变化的是阳极光柱的长度，而从阴极到负辉光区的距离几乎不变；溅射镀膜装置中，阴极和阳极之间距离至少要大于阴极和负辉光区之间的距离。

10.2.7 低频辉光放电

在低于 50kHz 的交流电压条件下，离子有足够的时间在每个半周期内，在各个电极上建立直流辉光放电，称为低频直流辉光放电。

电压变化周期小于电离或消电离所需时间。离子浓度来不及变化，电子在场内作振荡运动。

射频辉光放电时，在辉光放电空间产生的电子可以获得足够的能量，足以产生碰撞电离；由于减少了放电对二次电子的依赖，降低了击穿电压；射频电压可以通过各种阻抗偶合，所以电极可以是非金属材料。

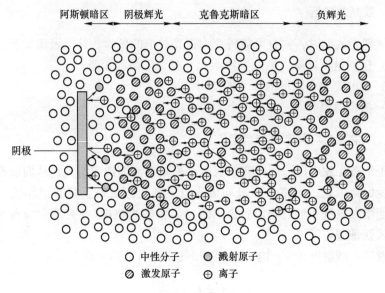

图 10-2　辉光放电阴极附近的分子状态

辉光放电空间与靶和接地电极之间的电压存在如下关系：

$$\frac{V_c}{V_d} = \left(\frac{A_d}{A_c}\right)^4 \tag{10-3}$$

式中，A_c 和 A_d 分别为容性耦合电极（靶）和直接耦合电极（接地电极）的面积。

由于 $A_d \gg A_c$，所以 $V_c \gg V_d$。在射频辉光放电时，等离子体对接地的基片（衬底）只有极微小的轰击，而对溅射靶进行强烈轰击使之产生溅射。

10.3　溅射分类及机理

10.3.1　单一撞击溅射

在离子同靶原子的碰撞过程中，反冲原子得到的能量比较低，以至于它不能进一步地产生新的反冲原子而直接被溅射出去。单一撞击溅射是在入射离子的能量为几十电子伏特范围内，且离子的能量是在一次或几次碰撞中被损失掉，见图10-3。

10.3.2　线性碰撞级联溅射

初始反冲原子得到的能量比较高，它可以进一步地与其他静止原子相碰撞，产生一系列新的级联运动。但级联运动的密度比较低，以至于运动原子同静止原

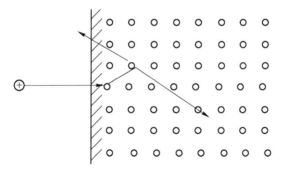

图 10-3　单一撞击溅射示意图

子之间的碰撞是主要的，而运动原子之间的碰撞是次要的。对于线性碰撞级联，入射离子的能量范围一般在 keV ~ MeV。线性碰撞级联溅射示意图见 10-4。图 10-5 为溅射原子的弹性碰撞模型。

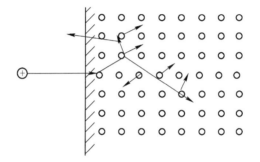

图 10-4　线性碰撞级联溅射示意图

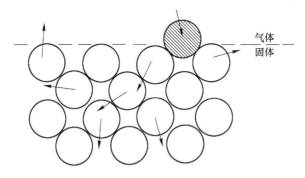

图 10-5　溅射原子的弹性碰撞模型

10.3.3　热钉扎溅射

反冲原子的密度非常高，以至于在一定的区域内大部分原子都在运动。热钉扎溅射通常是由中等能量的重离子轰击固体表面而造成的。图 10-6 所示为热钉扎线性碰撞级联溅射示意图。

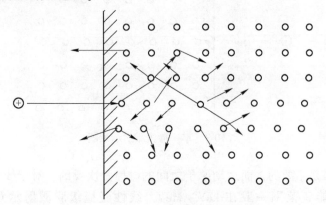

图 10-6   热钉扎线性碰撞级联溅射示意图

入射离子的能量损失可以分为两部分：一部分用于靶原子核的反冲运动，另一部分用于激发或电离靶原子核外的电子，分别对应于核阻止本领和电子阻止本领。对于低能离子，核阻止本领是主要的，而对于高能离子，电子阻止本领则是主要的。

如果入射离子的速度方向与固体表面的夹角大于某一临界角，它将能够进入固体表面层，与固体中的原子发生一系列的弹性和非弹性碰撞，并不断地损失其能量。当入射离子的能量损失到某一定的值（约为 20eV 左右）时，将停止在固体中不再运动。上述过程被称为离子注入过程。

级联溅射如图 10-7 所示。当级联运动的原子运动到固体表面时，如果其能量大于表面的势垒，它将克服表面的束缚而飞出表面层，这就是溅射现象。溅射出来的粒子除了是原子外，也可以是原子团。

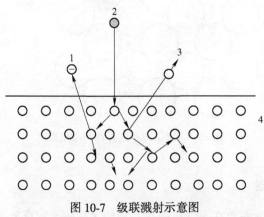

图 10-7   级联溅射示意图
1—二次原子；2—入射离子；3—溅射原子；4—原子

10.4 用于覆膜的溅射类型

10.4.1 二极直流溅射覆膜

二极直流溅射覆膜结构简单,可以获得大面积均匀薄膜。但是,溅射参数不易独立控制,放电电流随电压和气压变化,工艺重复性差;真空系统多采用扩散泵,残留气体对膜层污染较严重,纯度较差;基片温度升高,沉积速率低;靶材必须是良导体。图 10-8 为二极溅射示意图。

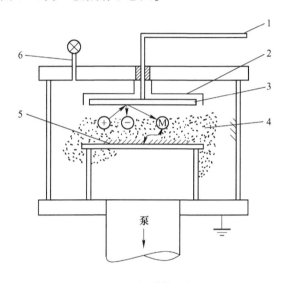

图 10-8 二极溅射示意图
1—高压;2—接地屏蔽罩;3—靶;4—辉光放电;5—溅射材料;6—进气阀

10.4.2 偏压溅射覆膜

偏压溅射覆膜结构为基片施加负偏压。偏压溅射可获得高纯度、高附着力薄膜。图 10-9 为直流偏压溅射示意图。

10.4.3 三极或四极溅射覆膜

二极直流溅射只能在高气压下进行,因为它是依赖离子轰击阴极所发射的次级电子来维持辉光放电。三极或四极溅射是在低压时进行的。当气压下降(1.3~2.7Pa)时,阴极暗区扩大,电子自由程增加,等离子体密度下降,辉光放电将无法维持。图 10-10 为三极溅射示意图。

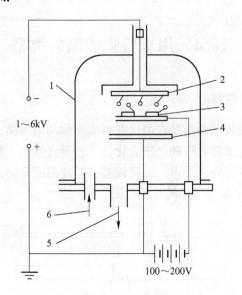

图 10-9　直流偏压溅射示意图

1—溅射室；2—阴极；3—基片；4—阳极；5—排气系统；6—氩气入口

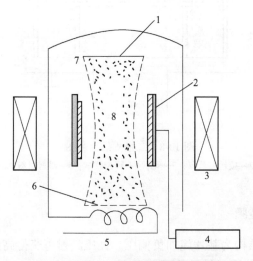

图 10-10　三极溅射示意图

1—阳极；2—靶；3—线圈；4—电源；5—热阴极；6—稳定化电极；7—基极；8—等离子体

三极或四极溅射具有如下特点：

（1）靶电流和靶电压可独立调节，克服了二极溅射的缺点；

（2）靶电压低（几百伏），溅射损伤小；

（3）溅射过程不依赖二次电子，由热阴极发射电流控制，提高了溅射参数的可控性和工艺重复性；

然而，三极或四极溅射覆膜不能抑制电子轰击对基片的影响（温度升高），具有灯丝污染问题，不适合反应溅射等。

10.4.4 射频溅射

射频溅射装置如图 10-11 所示。射频溅射有如下特点：

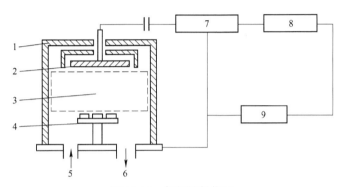

图 10-11　射频溅射装置

1—溅射室；2—射频溅射靶；3—等离子体；4—基片；5—溅射气体；
6—真空泵；7—匹配网络；8—电源；9—射频发生器

（1）电子与工作气体分子碰撞电离几率非常大，击穿电压和放电电压显著降低，比直流溅射小一个数量级；

（2）能沉积包括导体、半导体、绝缘体在内的几乎所有材料；

（3）溅射过程不需要次级电子来维持放电。

当离子能量高时，次级电子数量增大，有可能成为高能电子轰击基片，导致发热，影响薄膜质量。

10.4.5 磁控溅射

20 世纪 70 年代发展起来的磁控溅射法有高速、低温、低损伤等特点。因为是在低气压下进行高速溅射，必须有效地提高气体的离化率。磁控溅射通过在靶阴极表面引入磁场，利用磁场对带电粒子的约束来提高等离子体密度以增加溅射率。磁控溅射可以使沉积速率提高。气体电离从 0.3%~0.5%提高到 5%~6%。

磁控溅射的工作原理是指电子在电场 E 的作用下，在飞向基片过程中与氩原子发生碰撞，使其电离产生出 Ar 正离子和新的电子；此电子飞向基片，Ar 离子在电场作用下加速飞向阴极靶，并以高能量轰击靶表面，使靶材发生溅射。在溅射粒子中，中性的靶原子或分子沉积在基片上形成薄膜，而产生的二次电子会受到电场和磁场作用，产生 E（电场）$\times B$（磁场）所指的方向漂移，其轨迹近似于一条摆线。若为环形磁场，则电子就近似摆线形式在靶表面做圆周运动，它们的运动路径不仅很长，而且被束缚在靠近靶表面的等离子体区域内，并且在该区域中电离出大量的 Ar 来轰击靶材，从而实现了高的沉积速率。随着碰撞次数的增加，二次电子的能量消耗殆尽，逐渐远离靶表面，并在电场 E 的作用下最终沉积在基片上。由于该电子的能量很低，传递给基片的能量很小，致使基片温升较低。图 10-12 为磁控溅射工作原理的示意图。

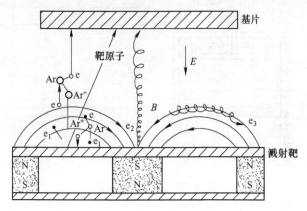

图 10-12　磁控溅射工作原理

　　磁控溅射是入射粒子和靶的碰撞过程。入射粒子在靶中经历复杂的散射过程，和靶原子碰撞，把部分动量传给靶原子，此靶原子又和其他靶原子碰撞，形成级联过程。

　　磁控溅射的特点：

　　（1）在阴极靶的表面形成一个正交的电磁场；

　　（2）电离效率高（电子一般经过大约上百米的飞行才能到达阳极，碰撞频率约为 $10^{-7}s^{-1}$）；

　　（3）可以在低真空（0.1Pa，溅射电压数百伏，靶流可达到几十毫安/m^2）实现高速溅射；

　　（4）低温、高速。

11 精 密 镀

11.1 引 言

精密镀是一种表面处理技术。表面处理的最大优势是能以多种方法制备出优于本体材料性能的表面功能层，其厚度一般为几个微米到几个毫米，却使零件具有比本体材料更高的耐磨性、耐蚀性和耐高温能力。采用表面工程技术的平均效益高达 5~20 倍以上。电镀是一种精密度（包括一些与液相中化学表面成膜反应有关的过程），其能赋予各种金属和非金属器件美丽的外观和优异的耐磨蚀性能、耐磨损性能，又能使器件表面获得多种特殊的功能，使之成为新型的功能材料，甚至还可以作为形成某些金属基复合结构材料的手段。因此，电镀在各工业生产部门中应用范围广。随着信息、电子、航空、航天、能源、核工业等高新技术领域的发展，中国的电镀技术也取得了大量的令人瞩目的新成就。在当前，新产品、新思路、新目标不断被提出，新工艺、新设备、新材料不断被开发，与"中国制造 2025"相契合。

11.2 电 镀

电镀被定义为一种电沉积过程，是利用电极通过电流，使金属附着于物体表面上，其目的是在改变物体表面的特性或尺寸。

电镀的目的是在基材上镀上金属镀层，改变基材表面性质或尺寸，例如赋予金属光泽外观，增加物品防锈能力，防止磨耗，提高导电性、润滑性、强度、耐热性、耐候性。即通过电镀，可以使超精密零部件获得装饰保护性和各种功能性的表面层，还可以修复磨损和加工失误的工件。

电镀大部分在液体下进行，且大部分是在水溶液中电镀。有 30 多种的金属可由水溶液进行电镀，如：铜、镍、铬、锌、镉、铅、金、银、铂、钴、锰、锑、铋、汞、镓、铟、铊、砷、硒、碲、钯、锰、铼、铑、锇、铱、铌、钨等。

有些金属必须由非水溶液电镀，如锂、钠、钾、铍、镁、钙、锶、钡、铝、镧、钛、锆、锗、钼等。水溶液及非水溶液均可电镀的金属有铜、银、锌、镉、锑、铋、锰、钴、镍等。

主要电镀方法如表 11-1 所示。

表 11-1　各种电镀方法

电镀法	无电镀法
热浸法	熔射喷镀法
塑料电镀	浸渍电镀
渗透镀金	阴极溅镀
真空蒸着镀金	合金电镀
复合电镀	局部电镀
穿孔电镀	笔电镀
电铸	

被溶解的物质称为溶质，使溶质溶解的液体称为溶剂。溶剂为水的溶液称为水溶液。

表示溶质溶解于溶液中的量为浓度。在一定量溶剂中，溶质能溶解最大量值称为溶解度。

达到溶解度值的溶液称为饱和溶液，反之为非饱和溶液。溶液的浓度，在工厂及作业现场，一般使用易了解及便利的重量百分率浓度和摩尔浓度。

电镀处理过程的物质反应有物理反应和化学反应，例如研磨、干燥等为物理反应，电解过程为化学反应。

电镀属于电化学应用的一支。电化学是研究有关电能与化学能交互变化作用及转换过程。

溶质溶解于溶剂后完全或部分解离为离子的溶液为电解质溶液，对应的溶质即为电解质。带负电荷向着阳极移动的离子称为阴离子，带正电荷向着阴极移动的离子称为阳离子。电镀过程中放出电子发生氧化反应的电极称为阳极，得到电子发生还原反应电极称为阴极。整个反应过程称为电解。

（1）电极电位。电极电位为在电解池中的导电体，电流经由它流入或流出。电极电位是电极与电解液之间的电动势差。单独电极电位不能测定，需参考一些标准电极。

（2）标准电极电位。标准电极电位是指金属电极的活度为 1（纯金属）及在金属离子活度为 1 时的电极电位，即电极电位 E 等于标准电位 E_0 氢的标准电位在任何温度下都定为 0，做为其他电极的参考电极。以氢标准电极为基准 0，各种金属的标准电位见表排列在前头的金属如 Li 较易失去电子，易被氧化、易溶解、易腐蚀，称之为溅金属。相反如 Au 金属不易失去电子、不易氧化、不易溶解、容易被还原，称为贵金属。

（3）Nernst 电位学说。金属与含有该金属离子的溶液相接触，则在金属与溶液界面上，会产生电荷移动现象。这些电荷移动是由于金属与溶液的界面的电位差所引起。此现象 Nernst 解说如下：

设驱使金属失去电子变为阳离子溶入溶液中的电离溶解液解压为 Ps，而使溶液中的阳离子得到电子还原成金属渗透压为 Po，则有三种情况发生：

1）当电离溶解液解压 Ps 大于金属渗透压 Po 时，金属被氧化，失去电子，溶解成金属离子溶于溶液中，因此金属电极本体接收电子而带负电。

2）当电离溶解液解压 Ps 小于金属渗透压 Po 时，金属阳离子得到电子被还原沉积于金属电极表面上，金属电极本身供给电子，因此金属电极带正电。

3）当电离溶解液解压 Ps 等于金属渗透压 Po 时，没有产生任何变化。设金属与溶液的界面所形成的电极电位为 E，当 1mol 金属溶入于溶液中，则界面所通过的电量为 nF（其中 n 为金属阳离子的价数，即电子的转移数，F 为法拉第常数），此时所作功等于 nFE。

（4）电极电位的分类：

1）金属与含有该金属离子的相接触有二种形式：第一种为金属与溶液间的水大于金属阳离子 Mn^+ 与电子的结合力，则金属会溶解失去电子形式金属阳离子，并与水结合成为 $Mn^+ \cdot xH_2O$，此时金属电极获得额外电子，故带负电。这类金属电极称为阴电性，如 Mg、Zn 及 Fe 等浸入酸、盐类水溶液时，就会产生此种电极电位。第二种为金属与溶液的水亲合力小于金属离子 Mn^+ 与电子结合力时，金属离子会游向金属电极得到电子而沉积在金属电极上，于是金属电极带正电，溶液带负电。

2）金属与难溶性的盐相接触，同时难溶性的盐又与阴离子相接触，如氯化汞电极（Hg_2Cl_2）。

3）不溶性金属，如 Pt，与含有氧化或还原系离子的溶液相接触。

（5）界面电性二重层。

在金属与溶液的界面处带电粒子与表面电荷形成的吸附层、偶极子的排列层及扩散层等三层所组合的区域称为界面电性二重层。

（6）液间电位差。

液间电位差又称为扩散电位差，是由阴离子与阳离子的移动度不同而形成的电位差，通常溶液的浓度差愈大，阴阳离子移动度差愈大，则液间电位差愈大。

（7）过电压。

当电流通过时，由于电极的溶解、离子化、放电及扩散等过程对电流的通过产生一定的阻碍，必须加额外的电压来克服这些阻碍使电流通过，这种用来消除阻碍的额外电压称为过电压。这种现象称为极化。此时阴极、阳极实际电位与平衡电位的差称为阴极过电压、阳极过电压。

表面处理过程中，金属会与水或液体接触，例如水洗、酸浸、电镀、涂装、珐琅等。要使金属与液体作用，需金属表面完全浸湿接触，若不能完全接触，则表面处理将不完全，无法达到表面处理的目的。所以金属与液体接触的界面的物理化学性质对表面处理有十分重要的意义。

（1）表面张力及界面张力。液体表面的分子在表面上方没有引力，处于不安定状态称为自由表面，故具有力，此力称为表面张力。液体的表面张力大小因液体的种类和温度而异，温度愈高表面张力愈小，到沸点时因表面分子气化自由表面消失，故张力变为零。液体和固体与别的液体交接的面也有如表面张力的作用力，称为界面张力。

（2）界面活性剂。溶液中加入某种物质，能使其表回张力立即减小，具有此种性质的物质称为界面活性剂。表面处理过程如洗净、脱脂、酸洗等界面活性剂被广泛应用对表面处理光泽化、平滑化、均一化都相当有帮助。

（3）材料性质。表面处理工作人员必须对材料特性充分了解，例如色泽、相对密度、比热、熔点、屈服点、抗拉强度、延展性、硬度、导电率等。

11.3　电镀的基本构成

电镀的基本构成为：外部电路，电镀液，阳极，镀槽加热或是冷却器。外部电路包括交流电源、整流器、导线、可变电阻、电流计、电压计，阴极或镀件、挂具。

11.3.1　镀槽构造

一个电镀工场必须配备下列各项设备：
（1）防酸的地板及水沟；
（2）镀槽及预备槽；
（3）搅拌器；
（4）整流器或发电机；
（5）导电棒、阳极棒、阴极棒、挂具；
（6）安培表、伏特表、安培小时表、电阻表；
（7）泵、过滤器及橡皮管；
（8）电镀槽用的蒸气加热设备，电器或瓦斯的加热设备；
（9）操作用的上下架桌子；
（10）检验、包装、输送工件等所需的各项设备、仪器；
（11）通风及排气设备。

11.3.2　电镀用电流

在电镀中，一般都仅使用直流电流。交流电流因在反向电流时金属沉积又再被溶解，所以交流电流无法电沉积金属。直流电源是用直流发电机或交流电源经整流器产生。直流电流是电子向一个方向流通，所以可以电沉积金属。但在有些特殊情况会使用交流电流或其他种特殊电流，用来改善阳极溶解消除钝态膜、镀层光层、降低镀层内应力、镀层分布、或是用于电解清洗等。

11.3.3 电镀溶液

电镀溶液是一种含有金属盐及其他化学物的导电溶液，用来电沉积金属。其主要类别可分酸性、中性及碱性电镀溶液。强酸镀液是 pH 值低于 2 的溶液，通常是金属盐加酸的溶液，例如硫酸铜溶液。弱酸镀液是 pH 值在 2~5.5 的镀液，例如镍镀液。碱性镀液是 pH 值超过 7 的溶液，例如氰化物镀液、锡酸盐的锡镀液及各种焦磷酸盐镀液。

11.3.3.1 镀液的成分及其功能

金属盐：提供金属离子的来源如硫酸铜。可分单盐、复盐，及错盐。单盐如 $CuSO_4$、$NiSO_4$；复盐如 $NiSO_4$、$(NH_4)_2SO_4$；错盐如 $Na_2Cu(CN)_3$。

导电溶液：提高导电率，如硫酸盐、氯盐，可降低能量花费、镀液热蒸发损失，尤其是滚桶电镀更需优良导电溶液。

阳极溶解助剂：阳极有时会形成钝态膜，不易补充金属离子，则需要添加阳极溶解助剂。例如镀镍时加氯盐。

缓冲剂：电镀条件通常有一定 pH 值范围，为防止 pH 值变动需加缓冲剂，尤其是中性镀液（pH 5~8），pH 值控制更为重要。

错合剂：很多情况，错盐的镀层比单盐的镀层更优良，防止置换沉积，如铁上镀铜，则需用错合剂，或是合金电镀用错合剂使不同的合金属电位拉近，才能同时沉积得到合金镀层。

安定剂：镀液有些会因某些作用，产生金属盐沉淀，镀液寿命减短，为使镀液安定所加的药品称为安定剂。

镀层性质改良添加剂：例如小孔防止剂、硬度调节剂、光泽剂等改变镀层的物理化学特性的添加剂为镀层性质改良添加剂。

润湿剂：一般为界面活性剂又称去孔剂。

11.3.3.2 镀液的准备

镀液的准备需做以下几点：

（1）将所需的电镀化学品放入预备槽内与水溶解；

（2）去除杂质；

（3）用过滤器清除浮悬固体，倒入一个清洁电镀槽内；

（4）镀液调整，如 pH 值、温度、表面张力、光泽剂等；

（5）用低电流电解法去除杂质。

11.3.3.3　镀液的维持

为维持镀液稳定，需做以下几点：

(1) 定期的或经常的分析镀液成分，用化学分析法或 Hull 试验（Hull cell test）；

(2) 维持镀液在操作范围成分，添加各种药品；

(3) 去除镀液可能被污染的来源；

(4) 定期净化镀液，去除累积杂质；

(5) 用低电流密度电解法间歇的或连续的减低无机物污染；

(6) 间歇或连续地过滤镀液浮悬杂质；

(7) 经常检查镀件、查看缺点。

11.3.3.4　金属阳极

金属阳极分为溶解性及不溶解性阳极，溶解性阳极用于电镀上是为补充溶液中电镀所消耗的金属离子，是用一种金属或合金铸成、滚成、或冲制成不同形状装入阳极篮。阳极电流密度必须适当，电流密度太高会形成钝态膜，而使阳极溶解太慢或停止溶解，形成不溶解阳极，产生氧气，消耗镀液金属离子，此时必须补充金属盐。为了减小阳极电流密度，可多放些阳极，或用波形阳极增加面积，或降低电压。在酸性镀液可以用增加搅拌、增高镀液温度、增加氯离子浓度、降低 pH 值来提高阳极容许电流密度。

而碱性镀液可用增加搅拌、增加自由氰化物的浓度，升高镀液温度或升高 pH 值，也可将某种物质加入阳极内以减少因高电流密度的阳极钝态形成。电镀使用不溶解阳极用来做传导电流，镀液金属离子需用金属盐来补充，如金镀液中用不溶解的不锈钢作为阳极，以金氰化钾来补充。在镀铬中用不溶解的铅阳极，以铬酸补充铬离子。不溶解阳极有两个条件，一是良好的导电体，二是不受镀液的化学作用污染镀液及不受侵蚀。不溶性阳极可用在控制金属离子过度积集在镀槽内，在贵金属电镀，如黄金电镀，用不锈钢做阳极，可以代替贵金属阳极，以减低投资成本或避免偷窃的困扰。不溶解阳极将引起强力的氧化，形成腐蚀问题及氧化镀槽内物质，所以不能使用有机物添加剂。槽内的金属离子必须靠金属盐来补充。

11.3.3.5　阳极袋

阳极袋是一种有多细孔薄膜袋子，用来收集阳极不溶解金属与杂质阳极泥，以防止污染镀液，阻止粗糙镀层发生。阳极袋用编织布缝成为阳极形状宽度适合，长度要比阳极稍长，可以扎得紧，足够收集阳极泥，不妨碍镀液流通。将阳极袋包住阳极并缚在阳极挂钩上。在放进电镀液之前，阳极袋要用热水含润湿剂中洗去浆水及其他污物，然后再用水清洗，并浸泡与镀液相同的 pH 值的水溶液中，使用前需再清洗。酸性镀液的阳极袋可用棉织物，也可使用人造纤维。在高温操作碱性镀液可用乙烯材料阳极袋。

11.3.3.6 金属阴极

金属阴极是镀液中的负电极，在阴极上金属离子还原成金属，形成镀层及发生其他的还原反应，如氢气形成于金属阴极上。准备镀件做电镀需做下面各种步骤：研磨、抛光、电解研磨、洗净、除锈等。

11.3.3.7 电镀的前处理

电镀的前处理是电镀工艺中非常关键的一步，基体材料的表面处理的好坏直接影响镀层的质量，电镀的前处理包括下列过程：

洗净：去除金属表面的油质、脂肪、研磨剂，及污泥，可用喷射洗净、溶剂洗净、浸没洗净或电解洗净。

清洗：用冷或热水洗净过程的残留洗净剂或污物。

酸浸：去除锈垢或其他氧化物膜，要注意防止基材被腐蚀或产生氢脆。可加抑制剂以避免过度酸浸。酸浸完后要充分清洗。

活化：促进镀层附着性，可用各种酸溶液使金属表面活化。

漂清：电镀前立刻去除酸膜，然后电镀。

11.3.3.8 电镀挂架

电镀挂架是用在吊挂镀件及导引电流的挂架，其主要部分有：

（1）钩，使电流接触导电棒；

（2）脊骨，支持镀件并传导电流；

（3）舌尖，使电流接触镀件；

（4）挂架涂层，绝缘架框部分，限制及导引电流通向镀件。电镀挂架需有足够的强度、尺寸及导电性能通过的电流量足以维持电镀操作。

其决定电镀挂架尺寸的条件有：

（1）镀件重量；

（2）电镀的面积；

（3）每个挂架的镀件数；

（4）镀槽的尺寸；

（5）电镀操作所需的最大电流；

（6）镀架上的附属设备如绝缘罩或辅助电极；

（7）镀件及挂架最大重量；

电镀挂架基本形式有：

（1）直脊骨型，是以垂直中央支持，用舌尖夹持镀件，小镀件可用手来操作。

（2）混合脊骨型，经常用在自动电镀上，是用方型框架联合平行及垂直骨架所构成夹持小镀件。

（3）箱型，这种挂架可以处理许多镀件，需配备有自动输送机、起重机、吊车等设备。

（4）T型，系垂直中央支持，联结许多垂直的交叉棒，此种适合手动及自动操作。

选择电镀挂架的决定因素有：电流量，强度，荷重限制，镀件位置安排，空间限制，制造难易，维持费用及成本。

电镀挂架的电流总量为全部镀件的有效面积与操作过程中的最大电流密度之积。有效面积是指要被电镀部分的面积。镀件应在不重要的部分如背面、孔洞、隐蔽处连接电流。挂架的镀件数目应依据设计的重量限制、镀槽尺寸、良好电流分布空间、直流电源的电量等决定。一般人力操作的镀架安全限制重量是11.25kg。舌尖必须具备足够的硬度、导电度、不发生烧焦、弧光、过热等现象。镀件重量能维持地心引力良好接触，否则用弹簧连接。要能够容易迅速上下架，并确保电流接触。铜是最广泛应用的挂架材料，因其有好的导电性，容易成型，有适当强度。钢的导电性比铜差，但较便宜。铝挂架用在铝阳极处理，其优点是轻。镍镀架耐腐蚀，可做补助电极。磷铜因为它具有良好导电性，易弯曲及易制造易焊接，因此广泛用做舌尖。电镀挂架的脊骨用较坚强材料制成，如硬的拉铜。电镀架同时附带有补助阳极加强供应电流称为双极镀架。除了补助阳极外，还有补助阴极，漏电装置、绝缘罩等附加在电镀挂架上以调整电流密度或引导电流进入低电流的隐蔽区域。电镀挂架在某些地方加以涂层绝缘，其目的有下列几项：

（1）减少电镀金属的浪费；

（2）限制电流进入要被电镀的区域，减少电能损失；

（3）减少镀液污染；

（4）改进金属披覆分布；

（5）减少电镀时间；

（6）延长镀架寿命，防止镀槽腐蚀。

镀架有下列涂层材料可应用：

（1）压力胶带：容易使用，易松脱损坏，适合短时应用或临时使用；

（2）乙烯塑料：良好黏性，可用于酸咸各种镀液。尼奥普林，直接浸泡不需打底、热烘干、黏性好可用；

（3）空气干燥塑料：不用涂底、浸泡或擦刷后空气干燥、黏性优良，适宜各种电镀液；

（4）橡皮：除铬电镀外其他镀液均可使用；

（5）蜡：不能使用于强咸及热镀液。

电镀操作过程镀架使用注意事项：

（1）镀件需定位，与阳极保持相同距离，使电镀层均匀，防止镀液带出损失及带入污染镀液；

（2）镀件安排要适当，要使气泡容易逸出，稍倾斜放置镀件；

（3）空间安排，避免镀件相互遮蔽；

（4）坚固接触，防止发烧、孤光等现象发生；

（5）防止高电流密度的形成，如尖、边缘、角等处必须适当应用绝缘罩或漏电装置；

（6）使用阳极辅助装置或双极镀架，应小心调整以确保适当电流分布；

（7）镀架应经常清洗，维持良好电流接触，去除舌尖附着的金属，涂层有损坏即修理、操作中随时注意是否漏电，镀液带出损失及带入污染等现象。

11.3.3.9　电镀控制条件及影响因素

（1）镀液的组成：对镀层结构影响最大，例如氰化物镀液或复盐镀液的镀层，要比酸性单盐的镀层细致。其他如光泽剂等添加剂都影响很大；

（2）电流密度：电流密度提高某一限度时，氢气会大量析出，电流效率低，产生阴极极化作用，树枝状结晶将会形成；

（3）镀液温度：温度升高，极化作用下降，使镀层结晶粗大，可提高电流密度来抵消；

（4）搅拌：可防足氢气停滞件表面形成针孔，一般搅拌可得到较细致镀层，但镀液需过滤清洁，否则杂质因搅拌而污染镀件表面产生结瘤或麻点等缺点；

（5）电流形式：一般应用于交变电流。特殊情况用周期反向电流（PR）电流、脉冲电流等特殊电流可改进阳极溶解，移去极化作用的钝态膜，增强镀层光泽度、平滑度、降低镀层应力、或提高镀层均一性；

（6）均一性：或称为投掷力，好的均一性是指镀层厚度分布均匀。均一性的影响因素有：

1）几何形状，主要是指镀槽、阳极、镀件的形状；

2）极化作用，提高极化作用可提高均一性；

3）电流密度，提高电流密度可改进均一性；

4）镀液导电性，导电生提高而不降低阴极极化作用太多则可提高均一性；

5）电流效率，降低电流效率可提高均一性。

所以要得到均匀镀层的方法有：

1）良好的镀液成分；

2）合理操作，表面活生化均匀；

3）合理镀装挂，以得到最佳电流且均匀分布，防止析出气体累积于盲孔或低洼部分；

4）调节阴阳极之间高度的距离；

5）应用阳极形状改善电流分布；

6）加设辅助电极、输电装置、绝缘屏障等改进电流分布；

7）应用冲击电流、在电镀前用较大电流进行短时间电镀。

阴阳极形状、成分及表面状况影响很大，如铸铁和高硅钢的材料氢过电小，电镀时大量氢气析出，造成覆盖性差、起泡、脱皮等缺陷，不锈钢材料，铝、镁及合金类易氧化的材料，不易得附着性良好的镀层。表面状况如有油污、锈皮等，镀层不可能附着良好，易表面粗糙，也难得到光泽镀层。

（7）过滤：如阳极泥、沉渣等杂质会影响镀层如麻点、结瘤、粗糙的表面，也会降低镀层的防蚀能力，所以必须经常过滤或连续性过滤固体粒子。

（8）pH 值：pH 值影响镀液性质，如氢气的析出、电流效率、镀层硬度及内应力，添加剂的吸收，错合离子的浓度对镀液性质有较大的影响。

（9）时间：控制镀层厚度的主要因素，电流效率高，电流密度大所需电镀时间就少。

（10）极化电镀：极化电镀电极电位发生变化产生逆电动势，阻碍电流叫做极化作用，克服极化作用的逆电动势所需增加电压称为过电压。极化作用对电镀的影响有：

1）有利于镀层细致化；

2）有利于改进均匀性，使镀层厚度均匀分布；

3）氢气析出增加，降低电流效率和镀层的附着力，会产生起泡、脱皮现象；

4）不利阳极溶解，电力损耗增加、浴温增高、镀液不稳定。

影响极化作用的因素有：

1）电镀液组成，如氰化物镀液的极化作用大，低浓度的镀液极化作用较大；

2）电流密度，电流密度越大极化作用越大；

3）温度，温度越高，极化作用越小；

4）搅拌，搅拌使离子活性增大而降低极化作用。

（11）覆盖性：在低电流密度下仍能镀上的能力，好的覆盖性，在镀件低凹处仍能镀上金属。它与均一性意义不同，但一般好的均一性则也有好的覆盖性，而覆盖性不好的则均一性一定也不好。

（12）导电性：提高镀液导电性有利于均一性，镀液的电流是由带电离子产生，金属导体是由自由电子输送产生，二者方式不相同，电解液的导电性比金属导体差。

（13）电解质的电离度、离子的活度：电离度越大其导电性越好，强酸、强碱电离度大，所以导电性好；简单离子如盐酸根离子较复杂离子如磷酸根离子活度大，所以导电性较好。

（14）电解液浓度：电解质浓度低于电离度时，增加电解液浓度可提高导电度，如电解液浓度已大于电离度时，浓度增加反而导电性会降低，例如硫酸的水溶液在15%～30%时导电度最高。

（15）温度：金属的导电性与温度成反比，但是电解液的导电度与温度成正比，因温度升高了离子的活度使导电性变好，同时温度也可提高电离度，也可提高导电率，所以电镀时常提高温度来增加镀液的导电性以增高电流效率。

（16）电流效率：电镀时实际溶解或析出的重量与理论上应溶解或析出的重量的百分比为电流效率。可分为阳极电流效率及阴极电流效率。电流密度太高，阳极产生极化，使阳极电流效率降低。若阴极电流密度太大也会产出氢气减低电流效率。氢过电压和电镀金属中锌、镍、铬、铁、镉、锡、铅的电位都比氢的电位要底，因此在电镀时，氢气会优先析出而无法电镀出这些金属，但由于氢过电压很大，所以才能电镀这些金属。然而某些基材如铸铁或高硅钢等的氢过电压很小，也就较难镀上，需先用铜镀层打底后再镀上这些金属。氢气的产生也会造成氢脆的危害，同时电流效率也较差，氢气也会形成针孔，所以氢气的析出对电镀都是不利的，应设法提高氢过电压。

（17）电流分布：为了提高均一性，电流分布需设法改善。如用相似于阴极形状的阳极、管子的中间插入阳极、将阳极伸入电流不易到达的地方、使用双极电极将电流分布到死角深凹处，使难镀到的地方也能镀上。在高电流密度区如尖角、边缘则可用遮板，输电装置避免镀得太厚浪费或烧焦镀层缺陷。

（18）金属电位：通常电位越低则化学活性愈大，电位负的金属可把电位正的金属置换析出，如铁、锌可以把铜从硫酸铜液液析出置换出来，产生没有附差性的沉积层。在电镀液中若同时有几种金属离子，则电位正的金属离子先被还原析出。反之，电位负的金属先溶解。

镀液的电压根据镀液组成，极面积及形状、极距、搅拌、温度、电流浓度等而不同，一般在9～12V，甚至能高到15V。

11.3.3.10　镀液净化

由于杂质污染，操作过久杂质累积，故必须经常净化镀液，其主要的方法有：

（1）利用过滤材去除固体杂质；

（2）应用活性炭去除有机物；

（3）用弱电解方法去除金属杂质；

（4）可用置换、沉淀、pH值调整等化学方法去除特殊杂质。

11.3.3.11　镀层要求项目

依电镀的目的镀层必须具备某些特定的性质，镀层的基本要求有下列几项：

（1）密着性，指镀层与基材之间结合力，密着性不佳则镀层会有脱离现象，其原因有：

1）表面前处理不良，有油污、镀层无法与基材结合；

2）底材表面结晶构造不良；

3）底材表面产生置换反应如铜在锌或铁表面析出。

（2）致密性，指镀层与金属间的结合力，晶粒细小，无杂质则有很好的致密性。其影响的因素有：镀液成分、电流密度、杂质。一般低浓度浴，低电流密度可得到晶粒细而致密。

（3）连续性，指镀层是否有孔隙，对美观及腐蚀影响很大。虽然镀层均较厚可减少孔隙，但不经济，则要求镀层要连续，孔率要小。

（4）均一性，指电镀液能使镀件表面沉积均匀厚度的镀层的能力。好的均一性可在凹处难镀到地方亦能镀上，对美观、耐腐蚀性很重要。试验镀液的均一性有 Haring 电解槽试验法、阴极弯曲试验法、Hull 槽试验法。

（5）美观性，镀件要具有美感，必须无斑点，气胀缺陷，表面需保持光泽、光滑。可应用操作条件或光泽剂改良光泽度及粗糙度，也有由后处理磨光加工达到镀件物品的美观提高产品附加价值。

（6）应力，镀层形成过程会残留应力，易引起镀层裂开或剥离，应力形成的原因有晶体生长不正常、杂质混入、前处理使基材表面变质妨碍结晶生长。

11.3.3.12　镀层缺陷

镀层的缺陷主要有：密着性不好、光泽和平滑性不佳、均一性不良、变色、斑点、粗糙、小孔。

缺陷产生的原因有：材质不良，电镀管理不好，电镀工程不完全，电镀过程的水洗、干燥不良，前处理不完善。

11.3.3.13　电镀技艺

电镀技艺人员必须具备化学、物理、电化、电机、机械的相关技能，要能了解材料性质，表面性质与状况，熟悉电镀操作规范，对日常作业发生的现象及对策详加整理牢记在心，以便迅速正确地做异常处理。平时要注意电镀工场管理规则，尤其前后处理工程的每一步骤都不能疏忽，否则前功尽弃。

11.3.3.14　金属腐蚀

金属腐蚀是由于化学及电化学作用的结果，可分为化学腐蚀与电化学腐蚀，按腐蚀环境可分为高温气体腐蚀、土壤腐蚀等。又依腐蚀破坏情形可分为全面腐蚀及局部腐蚀。局部腐蚀又可分为斑状腐蚀、陷坏腐蚀、晶间腐蚀、穿晶腐蚀、表面下腐蚀和选择性腐蚀，如黄铜脆锌。影响腐蚀的因素有：

（1）金属的本性；

（2）温度；

（3）腐蚀介质。

防止金属腐蚀的方法有：

（1）正确选用材料；

（2）合理设计金属结构；

（3）使用耐蚀合金；

（4）临时油封包装；

（5）去除腐蚀介质；

（6）电化保护；

（7）覆层保护。

11.4 预 处 理

11.4.1 预处理的定义

镀件的镀前预处理是决定电镀质量的重要因素之一，80%的电镀故障是由于表面准备不足而引起的。这一步骤区别于电镀的前处理，对于基体材料需要在电镀前处理，而对于整个电镀的过程而言，需要进行预处理过程。

（1）从反应的角度而言，电镀过程发生在零件与电解液的界面上，只有二者良好的接触，电化学反应才能顺利进行。

（2）从结合的强度而言，必须要达到一定的距离，镀层与基体之间的结合才会牢固。

（3）从镀层外观质量而言，不平整的基体表面形态将得到保留，不洁净的零件镀后会出毛刺、结瘤，结合力下降。

一般预处理过程为，研磨预备、洗净水洗、电解脱酯、水洗酸浸、活性化水中和水洗电镀。

预处理的目的是为了得到良好的镀层，由于镀件在制造、加工搬运、保存期间会有油脂、氧化物锈皮、氢氧化物、灰尘等污物附着于镀件表面上，若不去除这些污物而进行电镀将得不到良好的镀层。

11.4.2 预处理不良所造成的镀层缺陷

预处理不良所造成的镀层缺陷有下列几项：（1）剥离；（2）气胀；（3）污点；（4）光泽不均；（5）凹凸不平；（7）小孔；（8）降低耐蚀性；（9）脆化。电镀的不良，预处理占很大的原因。

11.4.3 污物的种类

污物可分为有机物污物及无机物污物。有机物污物主要是动物性油脂、植物性油脂及矿物性油脂，无机物污物是金属氧化物、盐类、尘埃及砂土。动物性及植物性油脂可被化碱剂皂去除。矿物性油污无法被碱剂皂去除需用三氯乙烯、汽油、石油溶剂乳化剂等去除。无机物污物可利用酸或碱浸渍、化学或电解方法及机械研磨方法去除。无机和有机混合污物，去除较困难，除了利用化学方法，亦须用电解，机械研磨等方法联合应用去除。

11.4.4　电镀预处理去除的典型污物

电镀前预处理去除的典型污物有：（1）润滑油；（2）切削油；（3）研磨油；（4）热斑；（5）锈及腐蚀物；（6）淬火残留物；（7）热处理盐；（8）污迹；（9）油漆及油墨。

11.4.5　表面清洁测定

在工厂最实用的表面清洁度测定方法是用水冲，检查表面水是否均匀润湿，如果是均匀润湿则为清洁表面，反之则不清洁。其他方法有：Nielson 法、雾化测试、荧光法等。

11.4.6　选择清洁方法及清洁材料的影响因素

选择清洁方法及清洁材料的影响因素有：（1）被清洁表面的特性；（2）被去除污物的特性；（3）清洁要求程度；（4）应用的方法；（5）水质；（6）手续、设备人员的安全；（7）成本；（8）清洁剂的浓度；（9）清洁剂的温度；（10）应用时间；（11）经验；（12）搅拌次数；（13）污染的程度；（14）下一步处理；（15）废物的处理。

11.4.7　清洁处理的注意事项

（1）眼睛、皮肤、衣服等避免接触清洁剂，并要戴防护衣及眼罩；

（2）防止长时间吸入有毒气体，须供应适当的通风；

（3）使用挥发性清洁剂时，温度必须低于燃着点，在使用的区域严禁烟火及有火光或研磨的作业；

（4）调制重碱性清洁剂时，要慢慢地加入冷水，避免产生剧烈反应，必须先在冷水中溶解而后再加热；

（5）酸性材料调制时，不能将水加入酸中，必须慢慢地将酸加入水中；

（6）存放酸性溶剂的容器，必须用防酸材料制成，防止损坏地板及附近设备，必须遵守药品的使用说明；

（7）防止清洁剂损坏镀件机材，可添加抑制剂，使在所有污物去除后形成保护层；

（8）清洁剂浓度增加，清洁时间可以减少，但有一定限度，超过此限度反而不利；

（9）温度增加对清洁时间可以减少；

（10）清洁需要一段时间，不是立即就可移去污物；

（11）清洁过程中或之后，清洗是很重要的。

11.4.8 清洁剂去除污物的原理

清洁剂去除污物的原理为：

（1）溶解力作用，如水可溶解盐，酸可溶解金属锈皮，汽油可溶解油脂；

（2）碱化作用；

（3）浸湿作用，将硫化水性变成亲水性；

（4）乳化作用，使油与水混合在一起；

（5）反凝作用，即为悬浮作用。

11.4.9 去除氧化物及锈皮的方法

去除氧化物及锈皮的基本方法有：（1）喷砂除锈；（2）滚筒除锈；（3）刷光除锈；（4）酸浸渍；（5）盐浴除锈；（6）碱剂除锈；（7）酸洗。

11.4.10 选择除锈方法的因素

选择除锈方法的因素有：（1）锈皮的厚度；（2）基材的性质；（3）镀件制造及处理过程；（4）容许基材损耗大小；（5）表面光度要求；（6）镀件的形状及大小；（7）产量要求；（8）可以被应用的设备；（9）成本；（10）氢脆性。

因此，除锈的方法有：（1）碱剂洗净；（2）溶剂洗净；（3）乳化洗净；（4）电解碱洗净；（5）酸洗净；（6）蒸气脱脂；（7）喷砂洗净；（8）滚筒洗净；（9）刷洗净；（10）酸浸渍；（11）电解酸浸；（12）盐浴去锈；（13）碱剂去锈；（14）超声波洗净；（15）去漆；（16）珠击法。

11.4.11 超声波洗净

超声波是利用涡流作用及破裂作用去除表面污物，它可节省时间和金钱并可以增加清洁度，可清洁小至螺丝大到重量超过 300kg 的物品，对复杂工件或细孔的工件都有效。

11.4.11.1 超声波洗净影响因素

（1）温度：一般温度越高，超音波洗净愈好，但不要越过低于沸点 10℃；

（2）气体：加热使溶液减少，加润湿剂，使气体能迅速离开表面；

（3）表面张力：表面张力越大则涡流作用密度越小；

（4）黏度：黏度越大则须越大的能量起涡流作用；

（5）超声波能量：超声波能量要适当，太大或太小都不好；

（6）频率：频率越大需高能量来产生相同的涡流作用，一般在 21～45kHz；

（7）工件曝露：工件里面必需接触到超声波洗净液，通常的错误有：

1）工件放置不适当，形成空气袋，有时需要翻动工件；

2）篮子内小工件太多，负荷过多，宁可少量多次不要多量多次；

3）篮子及挂架阻碍音波。

（8）污点：污点种类主要有可溶性污物，不溶性由可溶性黏合污物不溶性污物，洗净液化学成分，清洗设备。

11.4.11.2 超声波清洗的原理及优点

超声波清洗的作用是以超过人类听觉音频以上的波动在液体中传导。当音波在洗净剂中传导，由于声波是一种纵波，纵波推动介质的作用会使液体中压力变化而产生无数微小真空泡，称为空洞现象。当气泡受压爆破时，会产生强大的冲击能，可将固着在对象死角内的污垢打散，并增加洗净剂的洗净效果。由于超音波频率高波长短、穿透力强，因此对有隐蔽细缝或复杂结构的洗净物，可以达到完全洗净的惊人效果。

超声波清洗的优点有：

（1）节省人力及时间：降低人工成本，不必将物品拆开和用手刷洗，大量节省人力及时间；

（2）完全清洗：精密零件及昂贵物品，均可完全清洗而不伤材质；

（3）复杂物的清洗：能将复杂形状的物品，死角及隐蔽孔洞的污垢完全清洗，解除一般清洗法无法克服的难题；

（4）操作简单：免去物料流程的耽误，减少在制品瓶颈，增加产量；

（5）可配合洗剂：可使用性质温和的溶剂，达成更佳的洗净效果，免除危险性。

11.4.12 水洗

水洗需不影响产品品质。镀件的活性，不产生化学物于镀件表面，干燥后不发生变色或侵蚀作用。

（1）水洗方程式

$$D * c_t = F * c_r$$

式中　D——带入量；

　　　c_t——带入量浓度；

　　　F——水洗槽流量；

　　　c_r——水洗浓度。

水洗方程式表示带入溶质的量等于水洗流出的溶质的量，如盐进入量等于盐流出量。

（2）水洗效率 E

$$E = (F * c_r)/(D * c_t)$$

（3）水洗浓度比值 R_c

$$R_c = c_t/c_r$$

（4）污物极值水洗允许化学物浓度的最大值。

（5）水洗流量

$$F = D * c_t/c_r$$

$$F = R_c * D$$

（6）水洗体积比值 R_v

$$R_v = F/D ==> E = R_v/R_c$$

（7）多段式水洗，两段式水洗可省水，而三段式可更省水，三段以上省水则不确定，但为了回收化学物需要用三段以上水洗。

（8）水洗自动控制，利用导电性控制器或称为水洗槽控制器来维持一定水洗浓度，控制水的流量。

（9）水洗中水的杂质如石灰或镁的化合物等所产生的硬质会影响清洁力，所以需加以软化，其方法有：

1）用碳酸盐或磷酸盐再加苏打会使硬水中的盐分沉淀；

2）添加无机多磷酸盐或有机络合剂使硬水中的盐分不起作用；

3）利用泡氟石或离子交换树脂软化硬水。

11.4.13 电解研磨

电解研磨类似电镀，须使用直流电、电解液，但工作放在阳极，利用凸出金属部分电流集中，及凹处极化较大的作用将工件磨平、磨光，也使表面钝化更耐磨蚀。电解研磨去除很少量的金属表面，较深的刻痕记号及非金属杂质不能去除。电解研磨的时间很短，为 2~12min，除非表面起初就粗糙，或为了去除相当量的金属，如尺寸控制、毛边去除就需较长时间。电解研磨优于机械研磨的是没有变形、没有刷痕、没有方向性，并能表现出真实金属颜色。电解研磨的控制因素有温度、电流密度、电解研磨时间、电解液、搅拌等。

基材的细致结晶对电解效果是很重要的，通常效果不佳的原因有：

（1）结晶太粗大；

（2）不均匀结构；

（3）非金属杂质；

（4）冷轧方向性的痕迹；

（5）盐类或锈污染物；

（6）过度酸浸；

（7）不当或过度冷抽加工。

11.4.14 研磨及抛光自动化

电镀工程中研磨及抛光存在占用大量人工成本且强度大，有噪声及振动的恶劣工作环境及公害，还有因个人技术差异使品质不均匀等问题，其解决有赖于半自动化或全自动化。自动化可行性的决定因素有：（1）工作形状；（2）工作材质；（3）加工精度；（4）产量；（5）工作尺寸大小；（6）成本现代自动化可自动送料，下料，换位置，移位等利用程序化控制或机器人操作。

11.4.15 整体研磨

（1）整体研磨的优点是：成本低，操作简单，各种金属及非金属均可，镀件尺寸及行状限制少，加工程度弹性大，零件全部的表面，边缘及角都可作用到。

（2）整体研磨的缺点是：角的研磨作用比表面大，孔洞或深凹处作用较表面小。

（3）整体研磨的方法有：滚筒研磨、振动研磨、离心盘研磨、离心抛光研磨、轴抛光。

（4）整体研磨的应用有：清洁、除锈、脱脂，去毛边，边及角的圆滑化，改变表面状况如表面应力，去除粗糙面（磨平），光亮化（磨光），抑制腐蚀，干燥。

（5）滚筒研磨。滚筒研磨指依靠容器中工件与介质或工件与工件间的相互翻滚摩擦，进行表面处理的过程。滚筒研磨的主要优点是公害少，可以一次批量处理其他净化方法中难以夹持固定和处理的各种工件，对工件的尺寸精度影响小，加工面光泽持久性好。滚筒研磨主要缺点是作业的工艺性很强，处理质量常常取决于对设备形式、介质、添加剂等工艺条件的正确选择，对于每一种工件，工艺参数常常经试验后确定，对脆性易碎工件不选用。

滚筒研磨的形式有：开放倾斜式、瓶颈式、水平八角形、三动态多边形、多鼓形、多级区分、陷入式。

滚筒研磨性质与工作的比率决定因素有：工作尺寸及复杂性、研磨性质堆积性、工件重叠性、加工品质。

（6）整体研磨设备的选择因素有产品的要求和品质的要求。

1）产品的要求为：工件的尺寸及结构、批量、工件的要求、工件的控制性、每小时的工作量、每年的产量。

2）品质的要求为：工件处理前的品质、工件处理后的品质、表面加工程度、边缘状况、工件清洁度、边及表面的均匀性、工件与工件间的均匀性。

（7）整体研磨剂。研磨剂功能为：促进及维持工件的清洁度；控制 pH 值，泡沫及水的硬度；润湿表面；乳化表面油污；去除锈皮及变色；控制工件的颜色；悬浮污物；控制润滑性；防止腐蚀；冷却作用；确保废液排放符合环境保护公害的规范。

研磨剂有固体粉末及液体粉末两种，其使用方式有批次式、循环式、流入式 3 种。

（8）整体研磨的介质。介质的功能有：磨擦、磨光、分离。介质材料有下列几种：

1）天然介质：砂石；

2）农产物：木屑、玉米的穗轴、胡桃壳；

3）合成介质：氧化铝；

4）陶瓷介质；

5）塑料结合介质；

6）钢介质。

11.4.16 喷射研磨洗净

喷射研磨洗净是将研磨粒子以干式或液体方式喷射在工件表面上去除污物，锈皮等作调节表面以便做进一步的处理。该处理方法主要用在：

（1）去除尘埃、锈皮、磨砂或漆；

（2）粗化表面以便油漆及其他被覆处理；

（3）去除毛边；

（4）消光处理；

（5）去除对象余料；

（6）玻璃或陶瓷刻蚀。

其他方法可分为干式喷射洗净及湿式喷射洗净。

11.4.16.1 干式喷射研磨洗净研磨材料

干式喷射研磨洗净使用的研磨材料为：

（1）金属粒子；

（2）金属珠；

（3）砂粒；

（4）玻璃；

（5）农产物，如胡桃壳、稻壳、木屑。

11.4.16.2 干式喷射研磨洗净机器

干式喷射研磨洗净所使用的机器设备有：

（1）柜式设备；

（2）连续流动设备；

（3）滚筒喷砂机；

（4）便携式设备；

（5）微细粒磨料爆破机。

11.4.16.3　湿式喷射研磨洗净

湿式喷射研磨洗净主要用于：

（1）去除精密工件的毛边；

（2）消光表面处理；

（3）检查研磨、硬化的工件；

（4）去除硬工件上的工件记号；

（5）去除轻微锈皮；

（6）去除以备焊接的电子零件及印刷电路板氧化物；

（7）去除焊接锈皮。

11.4.16.4　湿式喷射研磨洗净研磨材料

湿式喷射研磨洗净研磨材料有许多种类及尺寸的研磨材料被使用，研磨的材料有：有机物或农产物，如胡核桃；无机物如砂、石英、氧化铝等。

11.4.16.5　湿式喷射洗净的流体介物

湿式喷射洗净的流体介物有：

（1）研磨材料；

（2）防腐蚀剂；

（3）润湿剂；

（4）防止阻塞剂；

（5）防止沉淀剂；

（6）水。

11.4.16.6　湿式喷射洗净的设备

湿式喷射洗净的设备有：

（1）柜式机床；

（2）水平面转台机床；

（3）立式轮式机械；

（4）链式或带式输送机；

（5）带小车和钢轨延伸的百叶窗式机柜。

11.4.16.7　喷射洗净的安全与卫生

如果有良好的预防则喷射洗净对人身是安全的。若没有良好的防护，长期吸入粉粒会形成矽肺病，工作人员需要每年进行肺部拍片检查。工作人员必需戴附有氧供给的头盔、特殊的手套、围巾及鞋罩。工作室要充分通风，保持空气干燥，没有污染气体，没有臭味。

11.5 电 铸

11.5.1 电铸加工的原理

电铸是利用电化学过程中的阴极沉积现象来进行加工成型的，即在原模上通过电化学方法沉积金属，然后分离以制造或复制金属制品。电铸与电镀有不同之处，电镀时要求得到与基体结合牢固的金属镀层，以达到防护、装饰等目的。而电铸则要电铸层与原模分离，其厚度也远大于电镀层。

图 11-1 为电铸原理图。把预先按所需形状制成的原模作为阴极，用电铸材料作为阳极，一同放入与阳极材料相同的金属盐溶液中，通以直流电。在电解作用下，原模表面逐渐沉积出金属电铸层，达到所需的厚度后，从溶液中取出，将电铸层与原模分离，便获得与原模形状相对应的金属复制件。

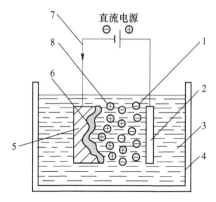

图 11-1 电铸原理图

1—阴离子；2—阳极；3—电铸溶液；4—电铸槽；
5—阴极；6—电铸层；7—金属阳离子；8—电子流动方向

电铸的金属通常有铜、镍和铁 3 种，有时也用金、银、铂、镍-钴、钴-钨等合金，但以镍的电铸应用最广。电铸层厚度一般为 0.02~6mm，也有厚达 25mm 的。电铸件与原模的尺寸误差仅为几微米。

原模的材料有石膏、蜡、塑料、低熔点合金、不锈钢和铝等。原模一般采用浇注、切削或雕刻等方法制作，对于精密细小的网孔或复杂图案，可采用照相制版技术。非金属材料的原模须经导电化处理，方法有涂敷导电粉、化学镀膜和真空镀膜等。

对于金属材料的原模，先在表面上形成氧化膜或涂以石墨粉，以便于剥离电铸层。

电铸设备由电铸槽、直流电源（一般是 12V，几百至几千安）以及电铸溶液的恒温装置、搅拌装置、循环装置和过滤装置等组成。电铸溶液采用含有电铸金属离子的硫酸盐、氨基磺酸盐、氟硼酸盐和氯化物等的水溶液。电铸的主要缺点是效率低，一般每小时电铸金属层的厚度为 0.02 ~ 0.05mm。采用高浓度电铸溶液，并适当提高溶液温度和加强搅拌等措施，可以提高电流密度，缩短电铸时间，从而可以提高电铸效率。这种方法在镍的电铸中已获得应用。

11.5.2　电铸加工的特点

电铸加工具有以下优点：

（1）复制精度高，可以做出机械加工不可能加工出的细微形状（如微细花纹、复杂形状等），表面粗糙度可达 0.1μm，一般不需抛光即可使用；

（2）母模材料不限于金属，有时还可用制品零件直接作为母模；

（3）表面洛氏硬度可达 35 ~ 50，所以电铸型腔使用寿命长；

（4）电铸可获得高纯度的金属制品，如电铸铜。电铸铜纯度高，具有良好的导电能，十分有利于电加工；

（5）电铸时，金属沉积速度缓慢，制造周期长，如电铸镍，一般需要一周左右；

（6）电铸层厚度不易均匀，且厚度较薄，仅为 4 ~ 8mm，电铸层一般都具有较大的应力，所以大型电铸件变形显著，且不易承受大的冲击载荷。这样，就使电铸成型的应用受到一定的限制。

电铸加工具有以下缺点：

（1）芯模的制造技术要求高，往往要精密机械加工及照相制版等技术；

（2）脱模困难；

（3）在复杂型面的芯模表面难以得到厚度均匀的电铸层。但可用对其表面进行机械加工的方式予以补偿；

（4）由于电铸层对芯模表面的复制性好，使其表面上的划伤等缺陷也会复制到电铸产品上。

（5）加工时间长，生产周期长（薄壁件除外）。一般沉积速度为：铜 0.04 ~ 0.2mm/h、镍 0.02 ~ 0.1mm/h、铁 0.02 ~ 0.15mm/h。

原则上，凡能电沉积的金属或合金均可用于电铸，但从其性能、成本和工艺上考虑，仅有铜、镍、铁、镍钴合金等少数几种有实用价值。目前在工业中广泛应用的只有铜和镍。

11.5.3　电铸后处理

零件电铸完毕后，根据产品的要求，往往需要进行如下处理。

（1）机械加工。电铸层的外表面一般都比较粗糙，两端和棱边、锐角处有结瘤和树枝状结晶，因此需按零件图样的要求进行必要的机械加工。

（2）脱模。对于多次使用的芯模常采用机械方式脱模。当不易脱模时，可根据芯模与电铸层膨胀系数的不同进行加热或冷冻处理，使它们之间产生微小的间隙后再作机械脱模。

对于一次性使用的芯模，要依芯模材料的不同而采取相应的脱模方法。如铝合金芯模可以在 60~90℃ 的含氢氧化钠浓度为 200~300g/L 的溶液中浸蚀溶解脱模。对于含铜的铝合金宜采用含氢氧化钠浓度为 50g/L、酒石酸钾钠浓度为 1g/L、乙二胺四乙酸二钠浓度为 0.4g/L、葡萄糖浓度为 1.5g/L 的溶液。铝芯模溶解完以后再在合适的溶液中去除残渣。如电铸镍可用三份硫酸加一份硝酸（体积比）的溶液于室温下进行。

对于低熔合金芯模，在烘箱和甘油之类的液体中加热（注意：液体的闪点要比加热的温度高许多）将其熔化退除。残留在电铸件上的低熔合金，按镍（或铜、铁）基体上锡、铅或铅锡合金镀层的退除方法，将其退除。

对于蜡制剂芯模可在烘箱中将其熔化退除后，再在合适的溶剂或清洗剂中进行清洗。

（3）热处理为消除电铸镍层的内应力一般在 200~300℃ 下加热 1~2h。为提高电铸层的塑性再在合适的温度下进行退火处理。为提高电铸铁层的硬度可进行渗碳或渗氮。

（4）电镀。如为提高电铸层表面的硬度而进行镀铬或化学镀镍；为提高电铸铜层的抗蚀性而又保持其导电性而进行镀银、镀金；为提高电铸铁层的抗蚀性而进行镀镍。有时也可采取在电铸前先在芯模上电镀这些镀层而后进行电铸的方式。

对不同芯模进行电铸的工艺流程如下：

金属芯模脱脂—弱浸蚀—制备分离层（用于多次使用的芯模）—镀裹紧层—镀裹紧层—电铸—机加工—加固—脱模—热处理（用于内应力大和需提高塑性的电铸层）。

非金属芯模—涂防水层（用于易吸水的材料）—脱脂—镀导电层—镀裹紧层—电铸—机加工—加固—脱模—热处理（用于内应力大和需提高塑性的电铸层）。

模芯的设计应根据电铸零件的形状、尺寸精度与表面粗糙度、生产量等因素。设计时应注意如下几点：

（1）对于多次使用的芯模应有 1°~300° 的锥度，以便于脱模。如电铸的零件不允许有锥度，则应选用与电铸金属膨胀系数相差大的材料制造芯模，电铸后用加热或冷冻的方式进行脱模。如电铸零件精度要求低时，可采用在芯模表面镀（涂）覆一层易熔金属或蜡制剂的办法。

（2）即使对电铸零件的表面粗糙度没有要求，对于多次使用的芯模，其表面粗糙度值也不应大于 0.8μm，才能顺利脱模。

（3）芯模的端头应有 5mm 以上的余量，以便电铸后将端头的结瘤、毛刺等不良电铸层切去。

（4）芯模的一端应有 10mm 以上的不电铸表面，作为电铸后机加工的夹持部位和基准面。

（5）芯模内、外表面的棱角尽量使用大的过渡圆弧半径，内角的半径至少要等于电铸层的厚度，以使电铸层比较均匀。

（6）内角的角度应尽量大，当无法大于 150°时，应安装内阳极进行电铸。

（7）形状复杂的电铸零件为便于脱模，可制成组合式芯模。

11.5.4 电铸加工的应用

电铸具有极高的复制精度和良好的机械性能，已在航空、仪器仪表、精密机械、模具制造等方面发挥日益重要的作用。电铸也是制造各种筛网、滤网最有效的方法，因为它无需使用专用设备就可获得各种形状的孔眼，孔眼的尺寸大至几十毫米，小至 5mm。其中典型的就是电铸电动剃须刀的网罩。工艺步骤如下：

（1）制造原模，在铜或铝板上涂布感光胶，再将照相底板与它紧贴，进行曝光、显影、定影后即获得带有规定图形绝缘层的原模。

（2）对原模进行化学处理，以获得钝化层，使电铸后的网罩容易与原模分离。

（3）弯曲成型，将原模弯成所需形状。

（4）电铸，一般控制镍层的硬度为维氏硬度 HV 500~550 之间，硬度过高，则容易发脆。

（5）脱模分离。

11.6 涂 镀 加 工

11.6.1 涂镀加工原理

涂镀是在工件表面局部快速电化沉积金属的五槽电镀技术，所需设备较为简单轻便，主要包括一个专用电源设备，带有若干支石墨阳极的镀笔和辅具及涂镀熔液等。

涂镀时，接在电源正极上的镀笔与接在负极上的工件接触并作相对运动，在电场的作用下，吸附在镀笔阳极棉套上的镀液产生电化学反应，镀层的厚度则是随着时间的延长和电量的消耗而逐渐增厚，直至达到要求的厚度，其精确度可控制在 0.01~0.02mm 之间，甚至几微米厚。此涂镀技术国外在五十年代就发展起来，并迅速得到广泛应用。在国内经过近三年的研究和应用，也取得较好的效果。为了满足涂镀技术的需要，国内已经研制成功了 4 种涂镀专用电源和 20 多种涂镀液。

11.6.2　涂镀加工特点

涂镀加工特点为：

(1) 金属涂镀技术的设备简单，投资少、上手快，只需要一台专用电源，若干支镀笔，若干种需要的涂镀液即可，在投资方面多则 5~6 千元、少则 1 千元即可，有电源的地方可以涂镀，在无电源的地方利用电瓶也可以涂镀。因此涂镀技术大厂可以做，小厂也可以做。

(2) 金属涂镀技术工艺灵活，操作简单容易掌握。因为取消了镀槽，不仅可以在车间涂镀，还可以到现场进行不解体涂镀。并且一套涂镀设备，可以涂镀各种各样的品种，根据工况不同的要求换一换镀液就可以，一个没有涂镀知识的工人，通过短时间的培训即可以掌握涂镀技能。

(3) 金属涂镀的沉积速度比槽镀高。因为在槽中，阴阳两极无相对运动，而在涂镀时候，镀笔和工件之间有相对接触运动，镀液不断补充流动，可以大大减少浓差化极，电流密度可以比槽镀大几倍到几十倍。因此在镀液中的金属离子浓度比槽镀大 10~20 倍的情况下仍能得到均匀致密结合良好的镀层。

(4) 金属涂镀技术产品质量高，设备容积小，功率小，耗电少。涂镀使用了安倍小时计，能准确的控制镀层厚度，精确度达到 ±0.01mm，在要求不太高的场合下，可以不必机械加工，而不管电焊、热喷涂（焊），槽镀均达不到这样的要求。涂镀设备容量一般为 0.4~1.2kW，而一般电焊机容量为 6~26kW，一般槽镀要 6kW，振动焊接设备容量也不少于 5kW。所以涂镀耗电功率极小，是一般电镀接耗电量的几十分之一。加之省去机械加工，用电就更节省。例如，一台汽车的半轴套管恢复尺寸用电，若槽镀则耗电 4.5kW·h，若采用对焊耗电则需要 6kW·h，还需要机械加工，而涂镀则只要耗电 0.2kW·h。

(5) 金属涂镀时，工件输入热量小，在涂镀过程中工件的热温度小于 70℃，对基体金属不会产生变形和金相组织的变化，这是焊接和热喷涂（焊）等工艺无法达到的。

(6) 金属涂镀时，可只用一小杯镀液进行施镀，镀液中不含氰化物和剧毒药品，溶液消耗很少，不会造成大量废液排放污染，对环境污染较小。

(7) 用金属涂镀工艺所获得的某些金属镀层，具备良好的机械性能，如硬度高、耐磨性好，通过测试：在室温时高速镍硬度 HV 578，相当于洛氏硬度 HRC52 左右，铁镀层 HV 662，相当于洛氏硬度 HRC56，钛合金镀层硬度 HV 693，相当于 HRC57。经不同温度回火，三种镀层硬度都有提高，产生二次硬化效应镍镀层 100℃ 回火时 HRC54，铁镀层 400℃ 回火时 HRC59，钛合金在 300℃ 回火时 HRC64。通过试验，上述三种镀层的耐磨性均优于 45 号淬火钢 （HRC55）和 20Cr 渗碳淬火（HRC60）。可见用涂镀工艺修复机械零件或修复加工超差的新件，其使用寿命均比原工件有所提高，具有显著的技术经济效果。

(8) 在镀液方面，采用不溶性阳极，金属离子全靠镀液提供。平时不需要对镀液化验调整，有些工厂虽有镀槽车间，但是一般只有几个镀种，每个镀种又需要一套设备，而涂镀技术目前已经发展到一套设备可镀金、银、铜、铁、锡、镍、铬、锌、镉、铟、铑、镓、钯、铼等 30 多种单一金属或者其合金。同一种金属又可以获得不同特点的镀层，以镍为例就有 10 种，如有的可获得较高的沉积速度，有的可获得较高的致密度，有的可获得较好的电效率，有的镀层光亮美观，有的镀层乌黑吸光性好，有的镀层应力低，有的镀层耐磨性好等。另外单一金属溶液可按一定比例配制成多种合金镀液。

11.6.3　涂镀加工的应用

金属涂镀技术近来在国内引起了人们的极大重视。人们为这一技术能以很小的代价换得较大的经济效益而赞叹不已。又由于这一技术能修复那些以其他技术难以修复的零部件，使一些濒临报废的贵重机械得以起死回生，而被人们称为"机械的起死回生术"。大量实际应用例子表明涂镀技术是一项符合我国国情、用途广泛、有强大生命力的新技术。金属涂镀技术已经在国外广泛应用于飞机、导弹、船舰、汽车坦克，国内应用涂镀技术仅几个月的时间修复了船用舵杆变速箱体，空压机曲轴，汽缸芯、铝合金环、花键轴、密封环、车床主轴、车床丝杆、印刷滚筒、车床尾轴刻线、大型柴油机主轴承座以及各种大小不同的滚珠轴承等上百件各类型的工件。这些工件都是用通常方法难以修复或用这些方法修复从经济上不合算的，或维修晚了会直接损失达上万元。

然而任何一种修理方法都有其应用的局限性，金属涂镀也是一样。为了获得小面积、薄的镀层时，在需要局部不解体现场修理时，在遇到大型机件、机座不便于拆卸和搬运时，在精密零件不便于应用其他方法修理时，在贵重零件加工中不慎超差时，运用涂镀技术修复常可得到十分令人满意的效果，充分展现了涂镀技术的优越性和独到之处。但是此工艺不适于大面积、大厚度、大批量修复。作为一部分零件、原件的一种常规修理方法，仍是十分必要和有效的。具体应用如下：

（1）恢复零部件尺寸。零部件在使用过程中由于发生磨损擦伤、腐蚀，或者优于在机械加工过程中造成超差等原因，需要恢复尺寸，可应用金属涂镀技术。它特别适用于精密的结构或部分精密结构的维修。例如在轴类零部件：各种不同型号柴油机、汽油机、空压机等的曲轴，船用主轴、风机轴、水泵轴、电机轴、汽轮机转子轴、油泵柱塞、传动箱轴、车床主轴等，大至直径 500mm 以上，小至几毫米均能涂镀。对于这些高精密度产品局部磨损、腐蚀、加工超差后，过去没有适合的方法修复，一般均报废处理，现在可采用涂镀修复，使零部件获得重新使用，在孔类零部件方面有各种大小型号不同的柴油机车底座和汽油机座轴承孔、机床轴承座孔、液压传动箱箱体孔、连杆孔、减震器孔、变速箱箱体孔、柴油机水套孔，不论孔的直径大小，也不论偏磨，还是超差，涂镀技术修复。

（2）修复各种运动面磨损，腐蚀的零部件。这类零件的修复要求，除了恢复外形尺寸外，还要求能耐磨、耐腐蚀、减磨、抗擦伤等能力。例如汽车活塞、活塞环、活塞缸套，各种柴油机车缸体、活塞、油压泵体、柱塞、水泵叶轮，各种机床导轨等，应用金属涂镀技术都可以满足这些要求。

（3）改善轴承和配合面的过盈配合性能。在我们日常所接触的大部分机械设备中，其运动连接部位多安装滚珠轴承，在平时运转过程中或者在拆装检修时，往往会造成孔的扩大（一般扩大 0.05~0.10mm），引起滚珠轴承松动，采用涂镀修复，能方便地解决这个问题，提高修机质量和速度，很受欢迎。

（4）改善零件的表面性能。有些机械零件在高温下，脱碳、渗碳和氮化，采用金属涂镀技术预先在零件表面涂镀一层金属即可防止这些问题发生，效果很好，不仅提高了零部件热处理质量，而且还能节省许多遮蔽费用。

（5）对于那些通常槽镀难以完成的工件，可以采用涂镀技术，例如：工件太大或要求特殊而无法槽镀的工件可以用涂镀技术；对于难以从机器上拆下或拆装运输费用昂贵的大型设备，可采用现场涂镀；对大件只需局部涂镀或盲孔；对槽镀液的均镀和深镀能力无法达到的狭缝和深孔可以采用涂镀；用于铝、钛和高合金钢的过渡层，增强槽镀的结合力，可以预先涂镀；有的工件浸入槽镀液会引起其他部分的损坏或污染槽镀液时，可采用涂镀。

（6）可对印刷线路板的维修和护理、电器接触点、接头和高压开关的维修和防护，一般模具的修理和防护。

（7）使用金属溶液或活化液，可对零件去毛刺，动平衡去重，模具刻字，金属刀花，阳极腐蚀等。

随着金属涂镀技术研究的深入，工艺技术水平的提高，镀液品种的增加，在各行各业中会获得更加广泛的应用。

11.6.4　金属涂镀工艺

金属涂镀工艺操作步骤为：

（1）涂镀前的准备工作。工艺技术水平的提高，涂镀前需对被涂镀工件做好一定的准备工作，否则将会带来返工或不必要的浪费。

（2）需要涂镀的工件表面与喷涂（焊）不同，一般不需要预先车削、拉毛或粗糙。工件表面应尽量光滑平整，渗碳层和氮化层允许保留，因为涂镀金属与这些表面层也具有良好的结合力，但表面疲劳层或已经疲劳的镀层应除去，所以应首先检查需要涂镀表面层是否疲劳，必要时用油石打磨。

（3）去除涂镀区附近的尖角、毛刺和飞边，并用砂纸、油石或细锉刀打磨，以免施镀时拉伤、划破阳极套，如果待修复的缺陷是划痕、擦伤或尖锐的凹坑，为防止应力集中和保证修复质量，应将其根部和表面拓宽，达到镀笔可以接触底部为止，拓宽的宽度应大于原来深度的两倍，根部和表面都要圆弧过度。

11.7　无电解电镀

无电解电镀实质上并不是电镀，而是一种化学镀，即在工件上，在没有外加电流的情况下，用纯化学的方法，形成一层致密的金属覆盖层，如化学镀镍、化学镀铜、化学镀银等。

11.7.1　无电解电镀特性

无电解电镀的特性为：

（1）均一膜厚，尤其凹槽及空气集中处等须均一膜厚要求，无电解电镀能取得良好的遮蔽效果。

（2）镀层薄约 $1.2\mu m$。

（3）密着性良好，对于机械的密着及化学的密着都很良好。

（4）接触电阻低，对于组合零件而言，此法有很低的接触电阻，对于二次加工的花费亦可减少。

（5）有两面的遮蔽效果，由实验及遮蔽理论可知，两面的遮蔽比单面的遮蔽效果好，用此法可得全面的覆盖。

无电解电镀与其他表面涂装技术比较具有以下特点。

优点：

（1）良好导电性/高度遮蔽效果；

（2）连续涂层/无碎片；

（3）低成本；

（4）可应用至复杂形状。

缺点：

（1）受限于 ABS 基材的使用；

（2）无法选择性/区域性涂层；

（3）需高技术熟练人工；

（4）多阶段制程；

（5）需最外饰层。

11.7.2 无电解电镀流程

无电解电镀流程如图 11-2 所示。

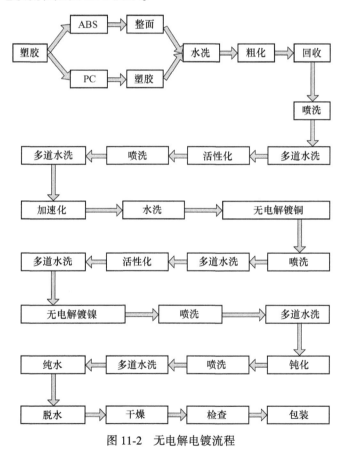

图 11-2 无电解电镀流程

11.7.3 无电解电镀液的管理

整面槽：由于凹槽及管壁等复杂成型品，表面张力大，液体不易渗入，可添加整面剂（一般乃界面活性剂）来降低其表面张力，对于以后步骤的粗化密着力，无电解电镀层的传导性有帮助。

膨润剂：主要为对 PC 材质的膨润或粗化作用，视 PC 含量多少而改变其浓度、温度、时间等，由于 PC/ABS 合胶易有龟裂现象须严格管理。

粗化槽：含铬酸及硫酸，须使成型品表面达 Ancjor/Key-like 的粗糙表面，是密着性良好的关键，对于时间、温度、浓度等须严格管理。

活化槽：含 $PDCl_2$、$SnCl_2$、HCl 等，控制其浓度、酸度、温度、时间，由于锡离子可安定活化铅离子，须控制得宜，勿使二价锡离子变成四价锡离子。

加速槽：有酸性与碱性等方式，除去铅周围的锡离子，使铅成为催化状态，易于无电解电镀进行，控制无电解电镀的时间、浓度、温度等。

高速无电解铜槽：铜会沉积于经催化的塑料表面，且经沉积开始会自动连续产生，以达所需的厚度。电解槽中 $CuSO_4$、CH_2O、$NaOH$ 等的浓度须严格控制。由于无电解镀铜的内应力，比一般电气电镀的铜层来得大，如何降低其内应力，以防镀层剥落龟裂是需要特别注意的。

无电解镀镍槽：需含有磷的成分，一般约 4%～8%，由于镀层厚只有 $0.3\mu m$ 左右，故 Ni-P 的镀层没有像铜层那样重要。

镀镍后的水洗：此部分的水洗极其重要，由于事后还需喷漆，如有药液残渣存在，会对于涂料与镀层的附着力有很大的影响。

11.7.4 外框成型品与无电解电镀的关联性

（1）成型品素材本身的应力对电镀影响大，因此必须严格控制射出时的温度、压力、射出时间、模具温度等。

（2）PC + ABS 的材质由于含有 PC 的成分，故易于龟裂，此龟裂在电镀前难以用肉眼看出，而经电镀的膨润或粗化后始会显现，故成型条件须控制得宜，尤其是在取样时，成型条件更不宜频繁变动。

（3）成型品素材本身的应力，对电镀影响巨大，在射出时取决于温度、压力、射出时间。

（4）成型时由于有压力，因此会有应力。

（5）成型品容易出现的缺点为欠料、银线（俗称起疮）、缩水、变形、断角、刮伤、碰伤、毛边等，经电镀及喷漆不易覆盖而会影响外观，应加以克服，以免增大不良率。

11.7.5 无电解电镀与喷漆的关联性

由于无电解电镀法，只对素材加强其对 EMI 的遮蔽效果再行喷漆以达外观要求，故无解电镀的作业过程须注意如下：

（1）表面不得有油脂，以免影响喷漆的密着性，而电镀厂亦是忌油，最易产生的油脂来源是检查人员的指纹，一般戴棉布手套防止。

（2）电镀品表面不得有刮伤、碰伤，避免产生喷漆盖不过的缺陷。

（3）无电解电镀品愈光秃，对喷漆的"附着性"却不见得越好。因越光秃表示表面的粗糙度低，但对喷漆的附着会有不利影响，这也是常见的无电解电镀品微亮而非很亮的原因。

喷漆厂除须对漆面的外观注重外，须特别注意加强涂层的附着性，尤其对象的棱线及角落处，由于表面张力的原因，而使漆的涂层较不易附着。

11.7.6 无电解电镀法的双面电镀与单面电镀的比较

一般双面电镀后，再以喷漆方式喷外部以达外观要求，而由于外形种类繁多，喷漆厂几乎没有以全自动的喷涂方式，而采取以人工方式，故很难保证100%的外观良品率（尤其是掉漆），由此发展出无电解电镀的单面电镀法。

单面电镀流程如下：

素材—外部以覆盖—内部以含有金属粉（能行镀无电解铜）的漆材喷涂—除去外部治具—干燥—经亲水处理—直接镀无电解铜。

双面电镀与单面电镀优缺点比较见表11-2。

表 11-2　双面电镀与单面电镀的优缺点比较

	双面电镀	单面电镀
优点	价格较低； 人工少； 遮蔽效果较好； 产能快； 作业性单纯	外部可不必喷漆； 如须喷漆，由于漆色调至与素材几乎一样，掉漆亦看不出来
缺点	脱漆时影响外观； 外部须喷漆	价格较贵； 必须使用治具； 内部须喷漆； 所需人工多； 遮蔽效果只有双面电镀的 75%~80%； 工时多，产能较少； 作业较复杂，不良率较高； 素材表面的结合线、碰伤、白化等，由于无喷漆而无法覆盖； 素材的模具须很优良

11.8　塑料电镀

11.8.1　塑料电镀概述

塑料件电镀后，既保持了制品重量轻，抗蚀性好的特点，又赋予其金属的导电性、耐磨性、装饰性等特点。塑料电镀工艺不仅可用于装饰品，还可用于某些具有特殊要求的零部件。

塑料电镀件与金属零件相比，有许多优越性。

（1）重量轻。塑料的密度为 $0.9 \sim 2.2 \mathrm{g/cm^3}$，最轻的塑料是聚丙烯，密度为 $0.9 \sim 0.91 \mathrm{g/cm^3}$，比水还轻。

（2）耐蚀性好。塑料件本身抗蚀性能比金属强，电镀后仍比金属强。

（3）易成型。塑料件易成型，一般形状的零件生产速度比金属快10倍以上。生产装饰性塑料电镀件时，只要模具的表面粗糙度适宜，成型的塑料件可获得光滑的平面，电镀前无需抛光，即可获得高装饰性外观。

塑料电镀件的主要性能是指塑料与金属的结合力、塑料电镀件的机械强度、耐热性能、抗蚀性能、生产性能等五个方面。

（1）结合力。结合力的大小，与塑料本身的物料、化学性能有关。不同种类的塑料与金属镀层之间的结合力相差很大。目前用作装饰性塑料电镀件，主要是 ABS 塑料，其次是改性聚丙乙烯和聚丙烯。

（2）抗蚀性能。塑料电镀件因镀层组合以及镀层厚度的不同，其抗蚀性能有很大差别。塑料电镀件的抗蚀性之所以比具有同样镀层的金属件高，是因为塑料电镀件的腐蚀不同于金属件的腐蚀。首先，塑料电镀件是按阳极保护机理进行腐蚀的。铜镀层的腐蚀镀层出现铜绿或暗褐色斑点，可能引起局部镀层鼓泡或起皮；此外，由于铜镀层完全被腐蚀，导致铜镀层溶解，镀层全部脱落。因此，对于要求抗蚀性能很高的塑料电镀件，应采用双层镍加微孔铬镀层。另外，塑料与金属镀层不可能形成原电池，即使出现腐蚀斑点，也不可能向深度延伸，仅作横向扩展。

（3）耐热性。塑料电镀件的耐热性能，主要取决于塑料本身的耐热能力，以及金属镀层的结合强度，以及金属镀层的耐热性能。不同种类的塑料，其耐热性能各不相同。塑料电镀后，耐热性能都将有不同程度的提高。

（4）机械强度。塑料电镀件的机械强度与塑料的种类密切相关。一般情况下，塑料件电镀后，其刚性均有所提高。

（5）生产性能。金属件的制作，一般要经过冲压、车、钳、刨、磨等繁杂的机械加工工序。而塑料件只需成型，其生产效率比金属件快10倍以上，可节省大量的机械加工工时及机械加工设备。另外，塑料密度小，比金属件成型省力、方便。

11.8.2　金属与塑料结合的机理及影响因素

11.8.2.1　金属与塑料结合的机理

（1）机械结合论：人们对于塑料与金属镀层间结合的机理主要有两种观点：一是机械结合，另一种是机械结合兼化学结合。机械结合论认为，ABS（丙烯腈-丁二烯-苯乙烯）塑料经过化学粗化后，其 B 组分（丁二烯）被溶解掉，形成许多燕尾形的显微凹坑（即锁扣），化学镀时，沉积出的金属微粒将填满这些凹坑，产生"铆接"效果，形成机械锁扣。因而，也把机械结合论称为锁扣论。

（2）机械-化学结合论：机械-化学结合论认为，塑料在化学粗化时由于溶液（有机或无机）的刻蚀溶解作用，在塑料表层形成许多微小的凹坑、孔洞或沟槽。镀层深入凹坑、孔洞或沟槽开成机械锁扣。同时，化学粗化也增强了塑料表面的化学活性，氧化生成亲水基团，使镀层与塑料结合在一起，并具有一定的结合强度。

对塑料件进行电镀，虽然对塑料电镀的各个环节均不可粗心大意，但关键是掌握好粗化工艺。可以说，塑料电镀的成败，关键在于化学粗化的好坏。

11.8.2.2　影响镀层结合力的主要因素

（1）塑料种类。为了保证镀层与塑料基体的结合力，在选择塑料时应当考虑：塑料的尺寸稳定性要好，塑料表面的硬度要适中，抗拉强度不得小于 $2000N/cm^2$，塑料热变形温度越高越好，选择适当的合成工艺，塑料的成型性好，以保证材料的均匀性，采用具有良好电镀性能的电镀级塑料等。

（2）塑料电镀件的造型设计。塑料电镀件的造型设计，应尽量减少锐边、尖角及锯齿形，不宜有盲孔，尽量减少深凹、突出部分，应有足够的壁厚，尽量减少大面积的平直表面，不宜采用长方形、V 形槽。若塑料电镀件需要螺纹时，应采用米制粗螺纹，孔深大于螺纹30%，还应设计有足够的装挂位置，应易于脱模等。

（3）塑压模具的设计与制造。在设计塑料电镀件用的模具时，应当考虑到电镀加工过程中的各项要求，例如装挂位置、零件的电流分布等。还应考虑到塑料零件的成型过程中，使模具温度控制在一定的范围内，即应在模具上设计适当的冷却系统。

（4）塑料零件的成型工艺。塑料零件的成型工艺，主要包括注射机的选择、成型树脂溶化温度、注射压力、注射速度、模具表面温度、脱模等，这些因素对镀层结合力都有很大影响。若塑胶应力太大对镀层结合力有非常大的影响。塑料种类不同，成型工艺则不同。

（5）塑料零件的表面预处理。塑料电镀件的表面预处理工序，主要有化学粗化、敏化、活化、化学镀等，这些工序对镀层结合力的影响都很大。

11.8.3 化学镀前的准备

化学镀前的准备是指在塑料零件表面上，用一定的加工方法（通常用化学粗化、敏化、活化），使密布一层具有催化活性的金属微粒的全过程。

11.8.3.1 除油（碱性除油）

不耐碱液的塑料（如玻璃纤维增强塑料，酚醛塑料等）不能采用碱性除油。

11.8.3.2 粗化

粗化是塑料电镀中最关键的工序，对塑料镀层结合力的影响最大。

（1）粗化的目的：

1）增大金属镀层与塑料零件表面的接触面。粗化后，塑料零件表面呈微观粗糙不平的状态，从面增大了镀层与塑料的接触面。

2）塑料零件变成亲水体。粗化后，使塑料表面的聚合分子断链，由长链变成短链，并在断链处形成无数亲水极性基团，使塑料零件由憎水体变成亲水体，有利于粗化后各道工序的顺利进行。粗化的最终目的是提高镀层与塑料的结合力。

（2）粗化的种类：

1）机械粗化。机械粗化可用砂纸打磨、滚磨、气喷、水喷、蒸汽喷磨料等方法。其中喷砂、砂纸打磨和滚磨法应用较广。

2）有机溶剂粗化。先用有机溶剂对零件表面进行溶胀，然后用化学粗化液进行粗化，可获得最佳粗化效果。

3）化学粗化。目前国内外塑料电镀行业中95%以上都是采用化学粗化法。因为此法除污垢能力强，粗化速度快，效果好，适用范围广，配制简单，易于维护。

粗化液中的三价铬含量，随着使用次数的增加而提高。有人认为，高铬酐型粗化液中，三价铬的含量不应超过22g/L；低铬酐型粗化液进行过试验，结果是三价铬的含量达到56g/L时，溶液仍可继续使用，但粗化速度显著下降。总的来说，当粗化液中三价铬的含量超过30g/L后，为了保证产品质量，建议停止使用，应更换新的粗化液。

（3）粗化质量的检验：

塑料电镀件表面粗化质量的检验方法有两种：一种是仪器检验，另一种是目测法。仪器检验方法复杂，不适合生产中使用。目测法为把粗化过的零件洗净，吹干，观察表面绒状的白色薄膜的厚度或均匀程度。观测时，最好将零件表面与入射光构成 45°的角度，人的眼睛也应从 45°的方向上去观测，并稍微转动零件，通过反射光强弱的变化，来判定粗糙程度。

具有最佳粗化度的塑料零件表面，在显微镜下呈海绵状。用肉眼检验时，能明显地看出表面不显光泽而略变暗。

（4）ABS 粗化液成分及工作条件：

铬酐	380～450g/L
硫酸（密度 1.84g/cm³）	380～430g/L
温度	60～68℃
时间	5～15 min

（5）影响粗化效果的几个方面：

1）CrO_3 的浓度，浓度越高粗化效果会越好，但是浓度太高，会粗化过度；

2）H_2SO_4 的浓度，其影响同 CrO_3；

3）温度的影响，温度低于 60℃ 时粗化效果很差，60～70℃ 最佳，过高会粗化过度；

4）粗化时间的长短；

5）三价铬的含量，控制在 10～15g 最佳；

6）粗化液黏度的影响，粗化液用久后，随着成分的增加，其黏度增大。

11.8.3.3 敏化

（1）敏化目的：敏化是使塑料零件表面吸附一层易于氧化的物质（催化膜），例如二价锡离子，在活化处理时，该催化膜作为银或铜的还原剂，使银或铜附着于零件表面。

若敏化液中的二价锡离子不发生水解，则塑料零件表面上沉积的二价锡数量与零件在敏化液中的持续时间无关，而与下列因素有关：

1）与清洗条件有关，过低的清洗压力和流速，不利于水解产物氢离子的扩散，会减缓水解反应速度；过高的压力与流速，又不利于凝胶状物质的形成与附着。

2）与敏化液的酸度和二价锡离子的含量有关。

3）与塑料本身的组织结构有关。

4）与塑料表面的粗化程度有关。

5）与塑料零件本身的形状复杂程度有关。

6）与清洗水水质有关。

（2）敏化液成分及配制方法：

1）敏化液成分及工作条件；

二氯化锡	10~20g/L
盐酸	10~20ml/L
锡条	1 根
温度	室温
时间	5~15min

2）配制方法：将需要量的氯化亚锡溶于部分盐酸溶液中，然后用蒸馏水稀释至规定的浓度。切忌把氯化亚锡溶于蒸馏水后再加盐酸。配制好后，在溶液中加入一锡条，以保证锡呈二价状态。

（3）操作与维护：

1）敏化时，要多翻动零件，促使敏化均匀。

2）敏化后，要反复清洗，清洗水流速不宜过大。

3）敏化后零件的颜色，应比未敏化时稍浅。如果敏化效果不好，可活化后再敏化。

4）随着使用次数的增多，溶液逐渐变成白色混浊状，应弃旧更新。

5）敏化液使用后，应密闭放置，以保持溶液的稳定性。

6）操作时，严禁带入其他酸液，以保证敏化效果及延长敏化液使用寿命。

敏化处理是一种较为落后的方法，随着电镀技术的发展，这种方法将被淘汰。

11. 8. 3. 4　活化

（1）活化目的：经敏化的零件，浸入贵金属盐（钯、金、银）的溶液中，产生化学反应，在零件表面沉积层稀薄的贵金属，这个过程称为活化。当经过活化的表面浸入化学镀液中时，沉积在上面的贵金属颗粒就成为催化中心，使化学镀得以进行。

（2）离子型活化液：

1）硝酸银型：活化液成分及工作条件为：

硝酸银	1. 5~2g
氨水	至溶液透明
水	100ml
温度	18~30℃
时间	0. 5~5min

活化液中，硝酸银是溶液中的主盐。供给银离子，氨水的加入，可以减少银离子在空气中遇光分解的速度，提高活化液的稳定性。

在操作过程中，应注意防止将敏化液带入活化液。要不断翻动零件。活化液应避光，溶液中的银粒应及时滤去。重视银的回收。

2）氯化钯型：

活化液成分及工作条件如下：

氯化钯	0.5g/L
盐酸	10g/L
pH 值	1.5~2.5
温度	15~25℃
时间	0.5~5min

操作与维护基本上与硝酸银型活化液相同。

（3）胶态钯活化液：

1）配方：

甲液为：

氯化钯	1g
盐酸	100mL
水	200mL
氯化亚锡	2.53g

乙液为：

盐酸	200mL
氯化亚锡	75g
锡酸钠	7g

2）配制方法：

甲液的配制：把氯化钯充分溶于 100mL 盐酸和 200mL 蒸馏水的混合液中，在 28±2℃ 的条件下，加入固体氯化亚锡，并在不断搅拌下反应 12min。

乙液的配制：将计算量的氯化亚锡加入到需要量的盐酸中，不断搅拌至完全溶解后，再加入计算的锡酸钠，此液为一种白色的乳浊液。

混合稀释：把预先配制好的乙液，在不断搅拌下，缓慢倒入甲液中，并稀释到 1L，即为棕褐色的胶态溶液。

3）维护：

为了避免将零件清洗水带入活化液，活化前可将零件在下述溶液中浸渍1~3min。

氯化亚锡	40g/L
盐酸	100mL/L

活化之后应设回收工序。活化一段时间后，发现溶液分层时，可按活化液的

实际容量加入 10~20g/L 氯化亚锡，消除分层现象。当温度低于 15℃ 时，活化效果不好，应加温至要求条件。注意过滤泵内不能有空气，否则钯水易失效。

4）钯水活化效果的影响：

①PdCl$_2$ 含量高效果好，控制在 0.03%~0.06% 最佳；

②温度过低，效果不好；过高影响使用寿命，控制在 20~28℃ 最佳；

③时间的长短对活化效果产生影响；

④SnCl$_2$ 的含量，控制在 2~3g 最佳；

⑤过滤泵循环过滤转数，若不够会影溶液内部均匀性；

⑥增加摇摆，可减少因有气体而漏镀；

⑦六价铬的含量达到一定程度，溶液须报废；

⑧盐酸的含量，可维持胶体的稳定。

（4）三种活化液的比较：硝酸银型活化液因硝酸银较易购买，一次投入成本低，与化学镀铜配合，适用于多种塑料的镀前处理，但溶液不够稳定，遇光极易分解发黑。

活化液溶液稳定，使用简单，易于调整和维护，对铜和镍均有催化活性，但药品稀少，价格昂贵，不易购买，一次成本高。

胶态钯型活化液比上述两种活化液要稳定得多，维护使用方便。对 ABS 塑料零件可提高镀层结合力，但配制麻烦，一次投资成本高，使用范围较窄。

（5）还原或解胶：用硝酸银型或氯化钯型活化液活化及清洗后，必须进行还原处理，其目的是除去镀件表面上残存的活化剂，防止将它们带入化学镀液。

用硝酸银型活化液活化后，可在下述溶液中还原：

甲醛（36%~38%）	1 份（重量比）
水	9 份
温度	室温
时间	0.5~1min

用胶态钯活化液活化后的镀件，表面上吸附的是一层胶态钯微粒。这种胶态钯微粒无催化活性，不能成为化学沉积金属的结晶中心，必须将钯粒周围的二价锡离子水解胶层脱去，裸露出具有催化活性的金属钯微粒。其方法是把经过胶态钯活化液活化后的镀件，放在含氢离子（H$^+$）、氢氧根离子（OH$^-$）等的溶液中，浸渍数秒到 1min，此过程称为解胶。

（6）敏化后的工序检验：敏化后的零件表面比未敏化的颜色稍浅一些，这是较难判断的。因此，大多数都是在活化后进行自检。活化后的零件表面颜色明显变深。使用硝酸银型活化液活化后的镀件，表面呈浅褐色。否则，应重新敏化、活化。

11.8.4 化学镀前处理新工艺简介

11.8.4.1 粗化-活化一步法

ABS 塑料件表面的化学粗化与活化可同时进行。铬酸型粗化-活化一步法溶液成分及工作条件如下：

铬酐	350~400g/L
硫酸（密度 1.84g/cm³）	150~200mL/L
硝酸银	500~600mL/L
氯化钯	5~10g/L
温度	60~70℃
时间	25~40min

用这种溶液处理后，再在甲醛与水之比为 1:9 的混合溶液中，室温下处理 1min，即可进行化学镀铜。

如果需进行化学镀镍，则可使用下述化学粗化液成分及工作条件：

铬酐	150~200g/L
硫酸（密度 1.84g/cm³）	150~200mL/L
磷酸	500~600mL/L
氯化钯	1~5g/L
温度	18~23℃
时间	3~20min

用这种溶液处理后，再用 10~30g/L 的次亚磷酸钠溶液处理 1min，即可进行化学镀铜或化学镀镍。

11.8.4.2 溶剂-银盐法

（1）溶液的组成及配制：溶液成分及工作条件（体积比）为：

1, 2-二氧乙烷	5%~30%
酒精	70%~95%
银离子	1~10g/L
温度	18~23℃
时间	3~20min

配制方法为：用少量蒸馏水溶解银盐，加少量氨水滴至澄清，加入 1, 2-二氯乙烷，搅拌均匀，再加入酒精，搅拌均匀。

（2）溶液的作用：溶剂 1, 2-二氯乙烷与塑料接触时，即被吸附到塑料表面上，一面使塑料发生极微弱的选择性溶解，一面浸入到塑料分子中，从而改变了塑料表面结构、质量和体积，亦即对塑料表层起了溶胀作用。在溶胀过程中，溶液中的银离子被渗透，附着到溶胀的表层或表面上。在溶剂处理后，塑料表面上的银离子随溶剂的挥发和在下一道干燥工序中，还原成金属银的微粒，成为化学镀铜的结晶中心。

（3）干燥：干燥的方法是把溶剂处理后的零件，自然干燥 8~24h，于 40~70℃的温度下烘烤 30~60min。这是提高镀层附着力的关键工序。

（4）浸蚀或开裂：在溶剂处理前，应进行弱浸蚀或溶剂开裂处理，以提高镀层结合力。

浸蚀液成分及工作条件如下：

高锰酸钾	40~50g/L
硫酸（密度 1.84g/cm³）	40~60mL/L
温度	60~75℃
时间	15~20min

用上述溶液浸蚀之后，零件表面有一层二氧化锰，必须在下列溶液中去除。

溶剂成分及工作条件如下：

冰醋酸	90%~95%
氯化亚锡	5~10g/L
温度	室温
时间	3~5min

（5）注意事项：

1）溶液中含水量要低；

2）要严格控制工作条件；

3）溶液经过一段时间的连续使用，颜色会逐渐变成棕黑色，溶液底部有许多颗粒存在，此时应过滤，补加药品；

4）在溶胀过程中，应不断翻动零件，促使表面均匀溶胀。

11.8.4.3 溶剂-钯盐法

（1）溶液成分及工作条件（体积比）如下：

CD-817B	10%
酒精	90%
二氯化钯	0.2g/L
盐酸（密度 1.19g/cm³）	0.4mL/L
温度	20℃

（2）ABS 塑料电镀一般工艺和 ABS 塑料电镀前处理机理和注意事项：

ABS 塑料电镀一般工艺流程如下：

前处理：（碱）除油—（酸除油）亲水—粗化—中和—（10%盐酸）预浸—（催化，敏化）沉钯—（活化）解胶—（还原沉镍）化学镍。

后处理：（5%盐酸）活化—（预镀铜）焦铜—（5%硫酸）活化—酸铜—（各5%的硫酸和过硫酸铵）活化—半光镍—光镍—镍封—（2%的光铬水）预浸—镀铬（60~65℃）。

ABS 塑料电镀前处理机理和注意事项如下：

（碱）除油：主要成分由碱金属化合物构成，如氢氧化钠，碳酸钠，碳酸钾、磷酸钾等。其作用是除去 ABS 料上的油脂和脱模剂等。

（酸除油）亲水：主要成分由 180~220g/L 的硫酸和 0.1% 的亲水剂构成。硫酸的作用是中和和除油；亲水剂则是为 ABS 表面提供有吸附性的亲水基团，有利于后工序粗化。

粗化：主要成分是 400~430g/L 铬酸和 380~400g/L 硫酸，辅助剂湿润剂和防雾剂。其铬酸和硫酸作用是除掉 ABS 料表面的 B 成分，使其 ABS 工件表面形成许多微小的凹坑，有利于后工序的沉钯和沉镍；粗化效果直接影响到是否上镀和镀层与 ABS 料机体之间的结合力。湿润剂作用是更有效地侵蚀 ABS 料表面，提高粗化的程度；防雾剂作用是防止铬雾的产生，而影响环境所造成的黑点漏镀。

中和：其主要成分是盐酸和水合肼，一般来说盐酸体积比占 3%~5%，水合肼占 0.02%~0.03%；其原理主要是除去 ABS 工件和挂具上残留的铬酸和硫酸，以免污染后工序。注意：水合肼过多时，沉镍时挂具上镀会浪费原料，也就所谓的上挂会直接影响后处理电镀，造成负荷加大、缸液污染所带来的杂质点等，而且不利于挂具脱解。

预浸：主要成分是含体积比 5% 的盐酸。其作用是，除去残留铬酸并避免工件带水太多，影响后续钯缸盐酸的含量和 pH 值。

沉钯：主要成分一般用盐酸和胶钯及氯化亚锡组成，其含量为：盐酸 270~290ml/L，氯化亚锡 1~2g/L，胶钯 0.002%~0.004%。一般来说，安美特、华美、希普力等原装进口胶钯含量为氯化钯 4~5g/L。其此工序的机理是，为 ABS 工件表面沉积钯离子，使 ABS 工件表面形成有导体的金属晶体，以便于后续化学镍，还原沉镍。而氯化亚锡的锡离子，则是以化合态的基团沉积在钯离子之外，避免钯离子在水中或空气中氧化和脱落；而且，氯化亚锡还起到药液稳定，络合钯离子的作用。盐酸主要是提供氢离子，维持 pH 值在 2 以下；当 pH 值在 2 以上时，氯化亚锡易水解成四价锡及氢氧化锡，使药液浑浊，最终造成分解。此时，可以在加速搅拌下加入几桶盐酸和几公斤氯化亚锡，搅拌 1 小时即可。此过程中不能用空气搅拌，避免氯化亚锡和氯化钯氧化还原。

注意事项：

1）铬酸不易加得过猛，建议过多时分几次添加，以免造成铬沉淀，从而影响挂具上排和下排的工件粗化不一致，可能会造成后续解胶不一致，而造成的挂具上方或下方工件见胶及漏镀；严重时，挂具下方尤其是带螺纹的工件表面沉镍后有黑点（此现象很少见，若出现时，可以加水稀释，再充分搅拌即可）。

2）硫酸不易加得太多或加得太快，以防止搅拌不均匀，而造成的上表面铬沉淀到下面。建议不添加湿润剂，相反添加后有许多副反应，过量液面有油性物质产生，工件表面粗化不均匀等。

3）建议不添加湿润剂，相反添加后有许多副反应，过量液面有油性物质产生，工件表面粗化不均匀等。

4）防雾剂，除按照供应商提供的资料添加外，在生产过程中有黑点漏镀或在缸边有铬雾的刺激气体产生时，适量添加即可解决。

5）副分解物的三价铬是衡量粗化液老化程度的标准，不超过 50g/L；当超过时，粗化几乎没用，且易造成许多问题，如每天消耗量较大，清洗水缸脏得快，钯水易分解，有很多黑点及黑点漏镀等；建议装一台三价铬的机器，并定期更换部分工作液。

6）粗化程度的观察最直观的方法是，后续沉镍后观察镀层的颜色正常是呈褐色；粗化过渡，呈深褐色镀层无光泽度，后续易造成电镀时，不易电亮和粗化过度产生的麻点，并且镀层与 ABS 表面的结合力差；粗化不够，呈银黄色，反光度强有镜面效果，后续影响镀层与 ABS 工件表面的结合力，易出现起泡离层等现象。

7）氯化亚锡添加时，须用少量浓盐酸溶解后添加。缸内不能开打气，以免分解。过滤机内不能有空气，要经常排气。六价铬含量不能超过 0.5g/L，否则会影响钯离子的沉积速度。

8）过高时易分解；为排除它的影响，建议 1~2 个月用一支碳芯过滤 1h，吸附掉六价铬；若有六价铬，则必有黑点漏镀。

配备浓钯水（按 2g/L 氯化钯为列）步骤如下：

1）备用物品：50L、100L 的胶桶各一个（有盖的），加热的石英电笔 2W 的一支，温度计一支，加热电炉一个，5L 玻璃杯一个，钯盐（100g），CP 盐酸 50L，氯化亚锡 4kg，滤毒口罩一个。

2）先将 50L 的桶放入 100L 的桶里，再注入 45L 盐酸到 50L 的桶里，并向 100L 的桶里注入水至满后，将 2W 的电笔放入 50L 有盐酸的桶里加热至 70~80℃，并保温。

3）将 4kg 氯化亚锡倒入保温的 45L 盐酸中溶解。

4）将 5L 的盐酸注入 5L 的玻璃杯里，电炉加热至 70~80℃后，将钯盐 100g
加入其中，不断搅拌溶解后，加入到保温的加有氯化亚锡的浓盐酸中，并搅拌
5min，开始计时。

5）将配好的药水保温 48h 后，冷却至室温即可存放使用，存放期为 1 个月。

（活化）解胶：主要成分有分几种工艺：

1）硫酸型（温度 45~50℃）。也就是 45~90g/L 的硫酸；

2）解胶盐体系（温度 45~50℃）。（超邦化工）新推出的稀土改良型长效解
胶盐（使用周期 15~30 天）含量 50~60g/L 和含硫酸 10~20g/L；

3）碱性解胶（室温不打气），含氢氧化钠 10~20g/L（一般用在 PC+ABS 的
双色料上）；

4）硫酸+双氧水（温度 45~50℃），及含量 5~8 个波美度+体积比为 0.1%~
0.3%的双氧水（主要用在 PC+ABS 的双色透明料上）。

（活化）解胶的原理为：ABS 工件在前工序沉钯后，工件表面的钯离子外表
面还吸附着一层氯化亚锡和部分四价的氢氧化锡的基团，为使钯离子更有效的漏
出表面，故要通过解胶使外表面的氯化亚锡和氢氧化锡反应脱离钯离子。

（沉镍）化学镍：化学镍的主要成分如表 11-3 所示：

表 11-3 化学镍的主要成分

成　　分	含　　量
主盐硫酸镍/g·L⁻¹	28~32
络合盐柠檬酸钠/g·L⁻¹	35~45
还原物次磷酸钠/g·L⁻¹	13~16
pH 缓冲盐氯化铵/g·L⁻¹	30~40
pH 调解物氨水/mL·L⁻¹	25~30，pH=7.8~8.5 之间

原理：通过前工序漏出钯离子后，在化学镍里，以钯离子作为导体，与主盐
硫酸镍和还原物次磷酸钠，发生置换还原镍离子沉积的化学静电的化学离子还原
反应；在反应中，钯提供沉积载体，硫酸镍提供镍离子，次磷酸钠起到催化还原
同时提供镀层的磷离子，柠檬酸钠则起到络合镍离子的沉积和稳定药液，氯化铵
则起到缓冲抑制氢离子的益处维持 pH 和维护药液的稳定。

注意事项：

1）在反应过快的同时，也伴随着副反应及产生有害物亚磷酸钠，它的产生
会影响药液的使用周期，如果亚磷酸钠高于 50g/L 时，药液易分解报废；所以，
要随时注意它的反应，还原物不能加的过猛或 pH 值不能控制太高等。

2）药液温度不宜过高，以免反应过快而分解，一般控制在 35~45℃。

3）所镀的工件载体面积不要超过缸面积的 1/3，以免分解。

4）尽量避免有害物质的带入，如六价铬，钯离子的脱落等。

5）过滤系统内不能有空气或氢气，要及时排放，以免使镀层产生针孔或药液分解。

6）过滤棉芯的定期清洗和更换，建议 3~4 天清洗；10~15 天更换。

7）药液定期清缸过滤或碳粉处理，建议 7~10 天清缸过滤一次，1~2 个月碳粉处理一次。

8）缸底或缸边有沉积镍金属过多时，易造成载体过大而分解，或工件沉镍慢而见胶漏镀；此时，则须清缸，除去镍金属。建议用硫酸和双氧水加水除去镍金属；而不是用硬工具去敲掉它，那样易使 PVC 胶版粗糙发毛，为再次沉镍提供载体。

11.8.5　印刷电路板的镀金

11.8.5.1　PCB 板的表面处理

PCB 板的表面处理工艺包括：抗氧化、喷锡、无铅喷锡、沉金、沉锡、沉银、镀硬金、全板镀金、金手指、镍钯金 OSP 等。

PCB 板的表面处理的特点：成本较低，可焊性好，存储条件苛刻，时间短，环保工艺，焊接好，平整。

喷锡板一般为多层（4~46 层）高精密度 PCB 样板，已被国内多家大型通信、计算机、医疗设备及航空航天企业和研究单位采用。

11.8.5.2　PCB 电镀镍工艺

PCB 上用镀镍来作为贵金属和贱金属的衬底镀层，对某些单面印制板，也常用作面层。对于重负荷磨损的一些表面，如开关触点、触片或插头金，用镍来作为金的衬底镀层，可大大提高耐磨性。当用来作为阻挡层时，镍能有效地防止铜和其他金属之间的扩散。哑镍/金组合镀层常常用来作为抗刻蚀的金属镀层，而且能适应热压焊与钎焊的要求，唯独只有镍能够作为含氨类刻蚀剂的抗蚀镀层，而不需热压焊又要求镀层光亮的 PCB，通常采用光镍/金镀层。镍镀层厚度一般不低于 $2.5\mu m$，通常采用 $4~5\mu m$。

PCB 低应力镍的淀积层，通常是用改性型的瓦特镍镀液和具有降低应力作用的添加剂的一些氨基磺酸镍镀液来镀制。

我们常说的 PCB 镀镍有光镍和哑镍（也称低应力镍或半光亮镍），通常要求镀层具有均匀细致、孔隙率低、应力低、延展性好的特点。

11.8.5.3　PCB 电镀金工艺

A　作用与特性

PCB 上的金镀层有几种作用。金作为金属抗蚀层，它能耐受所有一般的刻蚀液。它的导电率很高，其电阻率为 $2.44\mu\Omega\cdot cm$。由于它的负的氧化电位，使得它是一种抗锈蚀的理想金属和接触电阻低的理想的接触表面金属。

近年来镀金工艺得到不断发展。PCB 镀金以弱酸性柠檬酸系列的微氰镀液为宜。中性镀液由于其耐污染能力差，以前的碱性氰化物镀金因其对电镀抗蚀剂的破坏作用而不适用。

B 酸性镀金

酸性镀金镀液在 pH 值为 3.5~4.5 的范围内电镀。这种体系采用在弱的有机酸电解液中加入氰化金钾。可在配方中加入钴、镍、铟的稳定的络合物，以增加硬度和耐磨性。

通常酸性镀金的阴极电流效率很低，所以当计算电镀时间时，必须考虑到这一点。

典型的酸性镀金镀液的技术规范如下：

组分	
金（以 $KAu(CN)_2$ 形式加入）	0.5~1.5g/L
导电性盐	作为增加导电性所必需。
比重（$KAu(CN)_2$ 与水的密度比）	11~13
pH 调节盐	保持 pH 值所必需
操作条件	
温度	45~55℃
pH 值	3.5~4.0
搅拌	强制循环（一般结合棉芯过滤）

C 镀金和沉金工艺的区别

沉金采用的是化学沉积的方法，通过化学氧化还原反应的方法生成一层镀层，一般厚度较厚。

镀金采用的是电解的原理，也叫电镀方式。在实际产品应用中，90%的金板是沉金板，因为镀金板焊接性差是它的致命缺点，也是导致很多公司放弃镀金工艺的直接原因。

沉金工艺在印制线路表面上沉积颜色稳定，光亮度好，镀层平整，可焊性良好的镍金镀层。基本可分为四个阶段：前处理（除油，微蚀，活化，后浸），沉镍，沉金，后处理（废金水洗，DI 水洗，烘干）。沉金厚度在 0.025~0.1μm。沉金应用于电路板表面处理，因为金的导电性强，抗氧化性好，寿命长，一般应用于如按键板、金手指板等。镀金板与沉金板最根本的区别在于，镀金是硬金（耐磨），沉金是软金（不耐磨）。具体区别有以下几点：

（1）沉金与镀金所形成的晶体结构不一样，沉金对于金的厚度比镀金要厚很多，沉金会呈金黄色，较镀金来说更黄（这是区分镀金和沉金的方法之一），镀金的会稍微发白（镍的颜色）。

（2）沉金与镀金所形成的晶体结构不一样，沉金相对镀金来说更容易焊接，不会造成焊接不良。沉金板的应力更易控制，对有绑定的产品而言，更有利于绑定的加工。同时也正因为沉金比镀金软，所以沉金板做金手指不耐磨（沉金板的缺点）。

（3）沉金板只有焊盘上有镍金，趋肤效应中信号的传输是在铜层不会对信号有影响。

（4）沉金较镀金来说晶体结构更致密，不易产成氧化。

（5）随着电路板加工精度要求越来越高，线宽、间距已经到了 0.1mm 以下。镀金则容易产生金丝短路。沉金板只有焊盘上有镍金，所以不容易产成金丝短路。

（6）沉金板只有焊盘上有镍金，所以线路上的阻焊与铜层的结合更牢固。工程中在做补偿时不会对间距产生影响。

（7）对于要求较高的板子，平整度要求要好，一般就采用沉金。沉金一般不会出现组装后的黑垫现象。沉金板的平整性与使用寿命较镀金板要好。

11.8.5.4　镀金板的使用

随着 IC 的集成度越来越高，IC 脚也越多越密。而垂直喷锡工艺很难将细的焊盘吹平整，这就给 SMT 的贴装带来了难度；另外喷锡板的待用寿命很短。而镀金板正好解决了这些问题：

（1）对于表面贴装工艺，尤其对于 0603 及 0402 超小型表贴，因为焊盘平整度直接关系到锡膏印制工序的质量，对后面的再流焊接质量起到决定性影响，所以，整板镀金在高密度和超小型表贴工艺中时常见到。

（2）在试制阶段，受元件采购等因素的影响往往不是板子来了马上就焊，而是经常要等上几个星期甚至个把月才用，镀金板的待用寿命比铅锡合金长很多倍。另外，镀金 PCB 在镀样阶段的成本与铅锡合金板相比相差无几。

但随着布线越来越密，线宽、间距已经到了 76 ~ 102μm。因此带来了金丝短路的问题：随着信号的频率越来越高，因趋肤效应造成信号在多镀层中传输的情况对信号质量的影响越明显。

11.9　陶瓷上的电镀

陶瓷以其优良的化学稳定性被用作酒类容器材料。为提高陶瓷酒类容器的档次，陶瓷酒类容器多通过造型的变化及在其表面形成一层金属镀层来达到提高酒类容器的品质及外观装饰效果的目的。

陶瓷是非金属材料，对非金属材料进行电镀时应先对其进行导电处理。非金属材料的常用导电处理方法有封接法、电铸法、干镀法、溶胶凝胶法、化学镀法及金属釉法等。其中化学镀技术是借助还原剂使镀液中的金属离子还原并沉积到镀件的表面。由于该技术深镀和均镀能力较强，所形成的镀层厚度均匀，孔隙率低，因此得到了较为广泛的应用。国内对塑料制品的化学镀工艺已有了较为深入的研究，但对于陶瓷化学镀研究的时间较短。

11.9.1　陶瓷表面电镀原理

目前，国内已有金、银、铜、铁、镍、铬、钴、钯、锡等10余种金属应用于陶瓷表面的化学镀技术。由于陶瓷表面化学镀的目的仅仅是使基体表面导电，以利于后期的电镀，故从经济角度考虑，选用化学镀铜做底层。

化学镀铜是在有催化剂存在下的氧化还原过程。化学镀铜时，镀液中的主要反应为：

$$Cu^{2+} + 络合物 + 2HCHO + 4OH \longrightarrow Cu + H_2 + 2HCOO^- + 2H_2O + 络合物$$

但也可能发生不良的非催化性反应：

$$2Cu^{2+} + HCHO + 5OH \longrightarrow Cu_2O + HCOO^- + 3H_2O$$

化学镀液稳定性较差，镀液中的氧化亚铜易成为催化中心而使镀液分解。为此，通过空气搅拌可利用空气中的氧将氧化亚铜氧化成可溶性二价铜盐。

11.9.2　陶瓷表面电镀预处理

11.9.2.1　陶瓷表面的活化预处理

陶瓷基化学镀镍预处理的基本工艺流程：基体机械处理—化学除油—化学粗化—敏化、活化。

（1）基体的机械处理：基体处理是化学镀前处理的第一步，直接影响敏化和活化效果，是很重要的一步。通常，素烧陶瓷的表面粗糙不平，需要喷砂打磨或砂纸打磨平整至需要的粗糙度；而釉面陶瓷由于表面过于光滑，需要石英喷砂打磨至要求的粗糙度，一般采用120~180号的石英砂。

（2）化学除油：化学除油常见的有两步除油法，即先有机溶剂除油，再碱性溶液除油。这样的两步除油法的除油效果比较彻底，由于陶瓷的多孔结构，为防止化学除油液大量渗入陶瓷细微裂缝内影响镀层质量和陶瓷性能，可在除油前用去离子水浸泡一段时间，让陶瓷的孔隙吸收足水分。

（3）化学粗化：陶瓷与镀层的相互作用中，延晶、扩散和键合的作用十分微弱，镀层与基体表面的结合主要靠机械结合，因此基体的形貌对镀层与基体的结合力影响比较突出，有必要通过化学粗化改善表面形貌以提高结合力。

化学粗化的实质是对陶瓷表面进行刻蚀，使表面形成无数凹槽、微孔，造成表面微观粗糙以增大基体的表面积，确保化学镀所需要的"锁扣效应"，从而提高镀层与基体的结合强度；化学粗化还可去除基体上的油污和氧化物及其他的黏附或吸附物，使基体露出新鲜的活化组织，提高对活化液的浸润性，有利于活化时形成尽量多的分布均匀的催化活性中心。

普遍采用的粗化液含氟离子，但对不同的陶瓷，需采用不同化学成分和浓度的粗化液才能有最佳的粗化效果。而且，经化学粗化的陶瓷，酸可能会渗透到较深的孔隙中，必须彻底清洗，清洗后在 70~90℃ 条件下烘烤 30~60min。

11.9.2.2　陶瓷表面的活化

陶瓷对化学镀不具有催化活性，必须用贵金属催化剂活化，应用最为广泛的是钯和银。目前正在研究和应用的活化工艺可分为：离子钯型活化工艺、胶体钯型活化工艺、浆料钯型活化工艺、分子自组装活化工艺、贱金属活化工艺等。

（1）离子钯型活化工艺：离子钯型活化工艺有多种，最早的是敏化-活化两步法，即用酸性的 $SnCl_2$ 溶液作为敏化剂，酸性的 $PdCl_2$ 溶液作为活化剂，对于化学镀铜还可以用银盐来代替钯盐。在该过程中，基体浸泡在敏化剂中，Sn^{2+} 吸附在基体表面，然后将基体浸泡到活化剂中，Pd^{2+} 被还原成 Pd 沉积在基体表面，反应为 $Sn^{2+}+Pd^{2+}=Sn^{4+}+Pd$，一旦有钯金属颗粒沉积在基体上，化学沉积就可进行。

（2）胶体钯型活化工艺：最早的胶体钯型活化工艺是 Shipley 发明的。将 $PdCl_2$ 和 $SnCl_2$ 配制成一种混合的胶体钯溶液，当基体浸泡在溶液中后，Pd-Sn 合金的胶体颗粒吸附在基体表面，这种胶体催化剂颗粒的直径在 5~20nm，是一个个以原子态钯为中心的胶体颗粒，其外面包裹着一层水化的二价和四价的锡物种的聚合物，β-锡酸层使胶体的表面带有负电，阻止胶粒的凝聚，同时 β-锡酸的粘合性也可提高胶体颗粒在基体上的吸附能力；二价锡在这一层中起抗氧化的作用，保护钯金属使钯处在低价态，保持其催化活性；然而 Sn^{4+} 吸附在 Pd-Sn 合金上对化学沉积有抑制作用，因此，有必要用加速剂除去以提高催化能力，而且必须让这种胶体颗粒中的金属钯暴露出来才具有催化活性，因此必须解胶。

（3）浆料钯型活化工艺：胶体钯工艺具有良好的性能，并且已广泛应用于工业生产，然而寻找一种工艺更简单，能方便地实现局部活化，能广泛用于各种基体且不需对基体进行粗化就有良好的镀层结合力的新型工艺是很有必要的。其中，一种钯金属浆料的制备方法，称取 0.08g $PdCl_2$ 溶解在 0.5mL 体积比 1:1 的 HCl 溶液中，再与 15mL 乙二醇二乙醚混合均匀，用乙基纤维素调到合适的黏度，即得催化剂钯的浆料。使用时将浆料刷在陶瓷基体表面，在 873K 时空气中活化就可以进行化学镀。

（4）分子自组装活化工艺：日本发明了一种即使对粉末状物或镜面物也能容易地使用的化学镀覆活化工艺，即用一种能与贵金属离子形成配合物硅烷偶联剂对被镀物表面进行处理后，用一种含有贵金属离子的溶液处理，就可化学镀，称为自组装活化，其实质为在基体表面自组装一层有机硅烷，然后再吸附上钯离子，钯离子被还原剂还原后即具有催化活性。Tesuya 等人提出了 3 种硅烷偶联剂：N-(2—氨乙基)-3-氨丙基三甲氧基硅烷，3-氨丙基三甲氧基硅烷，2-(三甲氧基硅烷基)-乙基吡啶，用于 SiO_2 表面化学镀镍，都得到了光亮、均一的镀层。

尽管目前陶瓷表面化学镀前处理的工艺多种多样，但仍然存在许多问题，虽然已有很多研究工作者开发出了一些工艺简单、环保型、贱金属活化、能大大提高镀层结合力的前处理工艺，但离大规模的工业应用还有一段距离。而且随着陶瓷材料在各个领域的广泛应用，为了适应不同的性能要求，对其表面的金属化层的要求越来越苛刻，对陶瓷表面金属化工艺具有关键性作用的前处理工艺提出了新的要求。

11.9.3 陶瓷表面化学镀 Ni-P 合金

化学镀的方法在陶瓷表面沉积 Ni-P 合金，镀层与陶瓷表面结合良好，既可以保证陶瓷原有的机械物理性能，又可以使陶瓷具有导电、导热、耐蚀等性能。

陶瓷表面化学镀 Ni-P 合金的工艺流程为：

除油—水洗—粗化—水洗—活化—化学镀—水洗—吹干

11.9.3.1 预处理工艺

陶瓷与镀层之间无法形成金属键合，只能形成机械结合，要具有良好的结合力就必须经过预处理。陶瓷是非导体，要在陶瓷表面上进行化学镀，必须有活性中心（金属晶核），这是化学镀还原反应的催化剂。因此陶瓷表面的预处理是化学镀的关键步骤，包括除油、粗化和活化。

除油：将陶瓷片置于丙酮中，除油 10min。

粗化：粗化的实质是对陶瓷表面进行刻蚀，使表面形成无数凹槽、微孔以增大基体的表面积，确保化学镀所需要的"锁扣效应"，从而提高镀层与基体的结合强度。将陶瓷片放入 $V(HF):V(H_2O)=1:1$ 的溶液中，室温下粗化 5min。

活化：本实验采用无钯活化，活化液是一种镍盐溶液。在活化处理时，陶瓷表面能吸附足够的镍盐溶液，适当热处理后，镍盐在陶瓷表面及表面的微孔中被还原为活性中心。镍作为化学镀镍的初始沉积点，具有较高的活性，可很快催化生成均匀、完全的覆盖层。按比例称取 $NiSO_4 \cdot 6H_2O$ 和 NaH_2PO_2，分别置于两个烧杯中，用量筒量取一定量的 H_2O 分别倒入两烧杯中，微热溶解，再将两溶液混合，加入一定量的乙醇，配制成活化液。将陶瓷片放入活化液中在室温下浸渍一段时间，取出放入烘箱中进行活化热处理。

11.9.3.2　化学镀镍工艺

醋酸钠缓冲剂 12g/L，柠檬酸（配位剂）12g/L，硼酸 8g/L；主盐为 $NiSO_4 \cdot 6H_2O$，还原剂为 NaH_2PO_2，根据正交实验结果调整主盐和还原剂的质量浓度，用氨水调节镀液的 pH 值。用水浴加热到施镀温度后，将活化后的陶瓷片放入镀液中，开始施镀，时间为 30min。

11.10　复合镀加工

复合电镀是 20 世纪 20 年代发展起来的一种新的电镀镀种，到 1949 年才出现了第一个专利，是美国人西蒙斯（Simos）利用金刚石与镍共沉积制作切削工具的金刚石复合镀技术。此后复合镀获得各国电镀技术工作者的重视，研究和开发都十分活跃，发展到今天则成为电镀技术中一个非常重要的分支领域。

电铸、表面涂镀和复合镀加工在原理和本质上都属于电镀工艺的范畴，都是和电解相反，利用电镀液中金属正离子在电厂的作用下，镀覆沉积到阴极上去的过程。表 11-4 为各类电镀对比。

表 11-4　各类电镀对比

电镀类型	电　镀	电　铸	涂　镀	复合镀
工艺目的	表面装饰、防锈	复制、成型加工	增大尺寸，改善表面性能	电镀耐磨镀层制造超硬砂轮或磨具，电镀硬质材料
镀层厚度	0.001~0.05mm	0.05~5mm 或以上	0.001~0.05mm	0.05~1mm 或以上
精度要求	表面光亮，光滑	有尺寸及形状精度要求	有尺寸及形状精度要求	有尺寸及形状精度要求
镀层牢度	要求与工件牢固粘结	要求能与原模分离	要求与工件牢固粘结	要求与基本牢固连接
阳极材料	用镀层金属同一材料	用镀层金属同一材料	用石墨、铂等钝性材料	用镀层金属同一材料
镀液	用自配的电镀液	自配的电溶液	按被镀金属层选用现成供应的涂镀液	用自配的电镀液
工作方式	需用渡槽，工件浸泡在镀液中，与阳极无相对运动	需用镀槽，工件与阳极可相对运动或静止不动	不需渡槽，镀液浇注或含吸在相对运动着的工件和阳极之间	需用渡槽，被复合镀的硬质材料放置在工件表面

11.10.1 复合镀加工的原理

复合镀是将固体微粒子加入镀液中与金属或合金共沉积，形成一种金属基的表面复合材料的过程。镀层中，固体微粒均匀弥散地分布在基体中，故又称为分散镀或弥散镀。复合电镀也叫包覆镀、镶嵌镀，是在金属镀层中包覆固体微粒而改善镀层性能的一种新工艺。根据被包覆的固体微粒的性质，而制作出不同功能的复合镀层。在研究复合电镀共沉积的过程中，人们曾提出 3 种共沉积机理，即机械共沉积、电泳共沉积和吸附共沉积。目前较为公认的是由 N. Guglielmi 在 1972 年提出的两段吸附理论。Guglielmi 提出的模型认为，镀液中的微粒表面为离子所包围，到达阴极表面后，首先松散地吸附（弱吸附）于阴极表面，这是物理吸附，是可逆过程，微粒逐步进入阴极表面，继而被沉积的金属所埋入。该模型对弱吸附步骤的数学处理采用 Langmuir 吸附等温式的形式。对强吸附步骤，则认为微粒的强吸附速率与弱吸附的覆盖度和电极与溶液界面的电场有关。一些研究耐磨性镍金刚石复合镀层的共沉积过程显示，镍-金刚石共沉积机理符合 Guglielmi 的两步吸附模型，其速度控制步骤为强吸附步骤。到目前为止，复合电沉积和其他新技术一样，实践远远地走在理论的前面，其机理的研究正在不断的发展中。

11.10.2 复合镀加工的分类

复合镀加工可以分为以下两种：
（1）作为耐磨或耐高温层的复合镀。
（2）制造切削工具的复合镀或镶嵌镀。

11.10.3 复合镀特点

复合电镀的特点是以镀层为基体而将具有各种功能性的微粒共沉积镀层中，来获得具有微粒特征功能的镀层。根据所用微粒不同而分别有耐磨镀层、减摩镀层、高硬度切削镀层、荧光镀层、特种材料复合镀层、纳米复合镀层等。几乎所有的镀种都可以用作复合镀层的基础镀液，包括单金属镀层和合金镀层。但是常用的复合镀基础镀液多以镀镍为主，近来也有以镀锌和合金电镀为基础液的复合镀层用于实际生产。复合微粒早期是以耐磨材料为主，比如碳化硅、氧化铝等，现在则发展为有多种功能的复合镀层。特别是纳米概念出现以来，冠以纳米复合材料的复合镀层时有出现。这正是复合镀层具有巨大潜力的表现。

11.10.4 复合镀的添加剂

复合电镀的基体镀层往往可以采用本镀种原有的添加剂系列，比如镀镍为载体的复合镀层，可以用到低应力的镀镍光亮剂等。但是根据复合电镀的原理，复合电镀本身也需要用到一些添加剂，以促进复合和微粒的共沉积，这些添加剂依其作用而分别有微粒电性能调整剂、表面活性剂、抗氧化剂、稳定剂等。

（1）电荷调整剂。由于微粒在电场作用下与镀层共沉积是复合镀的重要过程，让微粒带有正电荷有利于共沉积，但是大多数微粒是电中性的，需要通过一定处理让其表面吸附带正电荷的离子，从而成为荷电微粒，某些金属离子如 Ti^+、Rb^+ 等可以在氧化铝等表面吸附，从而形成带正电荷的微粒，有利于与镀层共沉积。某些络盐、大分子化合物也有调整微粒电荷的功能。为了使微粒表面能与相应的化合物有充分的结合，所有复合镀都要求添加到镀液中的微粒进行表面处理，类似电镀过程中的除油和表面活化，以利于获得有利于共沉积的电性能。

（2）表面活性剂。在以碳化硅为复合微粒的复合镀中，加入氟碳型表面活性剂，有利于微粒的共沉积。因此有些表面活性剂也是一种电位调整剂。但表面活性剂还有分散剂的作用，这对于微粒在镀液中的均匀分布也是很重要的。还有一些表面活性剂由于有明显的电位特征而在特定的电位下才有明显的作用，这对梯度结构的复合镀是有利的。

（3）辅助添加剂。还有一些络合剂、抗氧化剂等对基础液有稳定作用的添加剂，在有利于复合镀液的稳定性的同时，可以有利于微粒的共沉积。同时，电镀过程中的添加剂与许多复配添加剂一样，中存在鸡尾酒效应。有很多在单独使用时，作用不明显的添加剂和一些无机盐、有机化合物在共同添加时，反而可以起到良好的作用，这正是一些辅助添加剂所具有的魅力。

11.10.5 Ni-P+PTFE（氟树脂）镀膜

化学复合镀 Ni-P-PTFE（聚四氟乙烯）合金是在化学镀 Ni-P 合金酸性液中，加入不溶性的聚四氟乙烯微粉（颗粒直径 $0.1 \sim 5\mu m$）所镀复的镀层。由于 PTFE 微粒的化学稳定性好、摩擦系数极低（仅为 0.05）、表面能也很低（表面能为 $18.6 J/m^2$）且具有不粘性等特点，因而 Ni-P-PTFE 镀层具有自润湿、不粘性、耐磨、耐腐蚀等优良性能，是一种不粘、耐磨、耐腐蚀的功能性镀层，在机械、纺织、化工等许多工业部门得到广泛应用。

用于耐磨表面、由硬质基体及粒子组成、具有低摩擦系数的复合镀膜正在迅速发展之中。化学镀 Ni-P-PTFE 复合镀层正是以其低摩擦系数及高耐磨性能，近年来被广泛研究。然而，关于共沉积的理论及机理的研究进展则较缓慢，这势必制约复合镀技术的发展。目前，电镀复合镀层的共沉积机理已有较多的研究，理论也较成熟。而对用化学镀方法获得复合镀层的共沉积机理研究尚少，尤其是对憎水性粒子的共沉积机理研究更少。

　　换热设备结垢是一种极为普遍的现象，由于污垢的附着增厚导致总传热系数显著降低，使换热设备不能发挥设定的性能，而必须抑制污垢的附着或者将其除去。科技界采取了各种各样的方法和措施来防止和消除污垢，研究中发现降低材料的表面能有助于减少水中的污垢在材料表面的依附。聚四氟乙烯（PTFE）是一种具有低表面能以及较高疏水性的材料，但 PTFE 本身的热导率低，如果大面积的使用，将降低换热器的换热效率，采用化学复合镀的方法，将 PTFE 以弥散分布的形式镀覆在换热器表面，使得基质金属与 PTFE 固体颗粒之间基本上不发生相互作用，从而得到金属基的复合镀层，该镀层既有良好的导热性能，同时又具有较低的表面能，对成垢晶核的吸附能力较差，不利于垢的沉积与聚集。

参 考 文 献

[1] 小林昭. 超精密生产技术手册（第一卷）[M] 日语版，日本，1982.

[2] 黄红军. 金属表面处理与防护技术 [M]. 北京：冶金工业出版社，2011.

[3] 袁哲俊，王先逵. 精密和超精密加工技术 [M]. 2 版. 北京：机械工业出版社，2007.

[4] 王贵成，王振龙. 精密与特种加工 [M]. 北京：机械工业出版社，2013.

[5] 高彩茹. 材料成型机械设备 [M]. 北京：冶金工业出版社，2014.

[6] 郭隐彪，杨平，王振忠. 先进光学元件微纳制造与精密检测技术 [M]. 北京：国防工业出版社，2014.

[7] 范安辅，徐天华. 激光技术物理 [M]. 成都：四川大学出版社，1992.

[8] 陈家壁，彭润玲. 激光原理及应用 [M]. 北京：电子工业出版社，2017.

[9] 侯宏录. 光电子材料与器件 [M]. 2 版. 北京：北京航空航天大学出版社，2018.

[10] 蒋旭珂，翁占坤，曹亮，等. 三光束激光干涉诱导向后转移制备金纳米结构及其 SERS 特性 [J]. 光学精密工程，2020，28（2）：150~159.

[11] Rahaman A, Du X, Zhou B, et al. Pulse-to-pulse evolution of optical properties in ultrafast laser micro-processing of polymers [J]. Journal of Laser Applications, 2021, 33 (1): 12~20.

[12] Wang H, Li Y, Chen X, et al. Micro-milling/micro-EDM combined processing technology for complex microarray cavity fabrication [J]. The International Journal of Advanced Manufacturing Technology, 2021, 113: 1057~1071.

[13] Stratakis E, Bonse J, Heitz J, et al. Laser engineering of biomimetic surfaces [J]. Materials Science and Engineering R Reports, 2020, 141: 100562.

[14] Florian C, Kirner S V, J Krüger, et al. Surface functionalization by laser-induced periodic surface structures [J]. Journal of Laser Applications, 2020, 32 (2): 022063.